RESISTENCIA DE MATERIALES

PROBLEMAS RESUELTOS

DE ESTRUCTURAS

ISOSTÁTICAS

Realizado por:

Jorge Los Santos Ortega
Fátima Somovilla Gómez
Javier Ferreiro Cabello
Esteban Fraile García

Profesores del Departamento de Ingeniería Mecánica
de la Universidad de La Rioja.

BELLISCO
Ediciones Técnicas y Científicas

MADRID

1ª Edición 2025

© *Jorge Los Santos Ortega; Fátima Somovilla Gómez; Javier Ferreiro Cabello; Esteban Fraile García*
© *BELLISCO. Ediciones Técnicas y Científicas*
  Cebreros 152. Local Posterior
  28011 MADRID

  Teléfono: **91 464 18 02**
  Correo Electrónico: *información@belliscovirtual.com*

Web: **www.bellisco.com**
Librería On-Line: *www.belliscovirtual.com*

PEDIDOS:

1. **Por Teléfono: 91 464 18 02 o Fax: 91 464 18 28**
2. **En web,** *www.belliscovirtual.com*
3. **Correo Electrónico:** *pedidos@belliscovirtual.com*
4. **En su librería habitual**

Impreso en España
Printed in Spain

ISBN: 979-13-990518-2-7
Depósito Legal: M-19340-2025

IMPRESO POR: *SERVICEPOINT. Madrid*

PRESENTACIÓN

Esta obra pretende ser un complemento para el seguimiento de la asignatura Resistencia de Materiales impartida en los múltiples grados de Ingeniería. A través de la resolución de 10 problemas de estructuras isostáticas se analizan los conceptos básicos que fundamentan la Teoría de Resistencia de Materiales. En estos problemas se aprende a desarrollar el cálculo estructural considerando las cargas más comunes y frecuentes en estructuras, como son: carga puntual, momento puntual, carga uniformemente distribuida, carga triangular distribuida, carga trapezoidal y carga parabólica.

En los problemas se desarrolla el cálculo de los esfuerzos internos de la estructura, así como su representación gráfica en los diversos diagramas (axiles, cortantes y momentos flectores). De forma continua, se realiza el cálculo de diseño básico de la estructura, mediante la selección de perfiles metálicos más habituales (IPE, IPN, HEA, HEB, UPN) y secciones compuestas. Se recomienda al lector que durante la realización de los ejercicios disponga de un prontuario para la consulta de datos referentes a los perfiles metálicos.

Finalmente, en cada problema se desarrolla el cálculo de deformaciones de la estructura, ya sea a través del cálculo de un desplazamiento o del giro en un nudo específico. Para su resolución se emplean los métodos de cálculo de deformaciones más habituales en Resistencia de Materiales, como son: la Ecuación Característica de la Elástica, los Teoremas de Mohr, el Método de la Carga Unitaria y los Teoremas de Castigliano. Con este libro se pretende afianzar e introducir al alumno en los conceptos básicos e introductorios del cálculo estructural. Los autores quieren expresar sus disculpas por cualquier errata que pudiera encontrarse en la resolución de los ejercicios o a lo largo del libro.

ÍNDICE

PROBLEMAS RESUELTOS DE ESTRUCTURAS ISOSTÁTICAS

PROBLEMA 1

La siguiente estructura se encuentra formada por tres barras. En el Nudo E existe una rótula. La estructura se encuentra vinculada con el exterior a través de tres apoyos. Dos apoyos articulados móviles en el Nudo B y Nudo F. Y un apoyo articulado fijo en el Nudo A. Para el tramo AB de la barra (1) existe una carga uniformemente distribuida de valor 39 kN/m. En el Nudo C hay aplicado un momento puntual de valor 61 kNm. En el tramo DE de la barra (3), existe una carga triangular de valor 9 kN/m. Y finalmente en el Nudo F hay una carga puntual de 81 kN. Todas las barras son del mismo material (Acero S275; E=210 GPa) y en el diseño se aplica un coeficiente de seguridad de Y = 1,5.

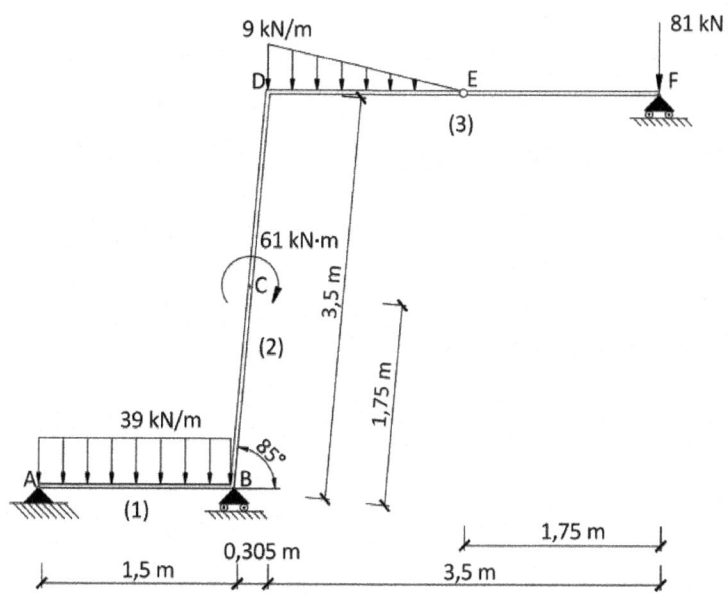

Para la estructura anterior se pide:

1. Cálculo del Grado de Hiperestaticidad de la estructura.
2. Cálculo de las reacciones de la estructura.
3. Cálculo de los esfuerzos internos de la estructura.
4. Representar gráficamente los diagramas de esfuerzos internos (Axiles, Cortantes y Momentos Flectores) de la estructura.
5. Dimensionar según el criterio de Von Mises y utilizar la serie de perfiles IPE.
6. Cálculo del desplazamiento vertical del Nudo D. Aplicar el Método de la Carga Unitaria.
7. Cálculo del giro en el Nudo D. Aplicar el Método de la Carga Unitaria.
8. Cálculo del giro en el apoyo B. Aplicar los Teoremas de Mohr.
9. Representación de la deformada estima.

1. GRADO DE HIPERESTATICIDAD

El primer paso es determinar el grado hiperestático que tiene la estructura. Para ello a las incógnitas en reacciones (R), le restamos las ecuaciones de equilibrio (E) más el número de rótulas (r), este último valor indica el número de ecuaciones que disponemos. De esta forma para alcanzar un grado de hiperestático 0, permite disponer de tantas ecuaciones como incógnitas:

$$GH = R - [E + r]$$

En este caso contamos con dos apoyos articulados móviles (Nudos B y F) y un apoyo articulado fijo (Nudo A), por lo tanto, tenemos 4 reacciones. Además, la estructura incorpora una rótula en el Nudo E.

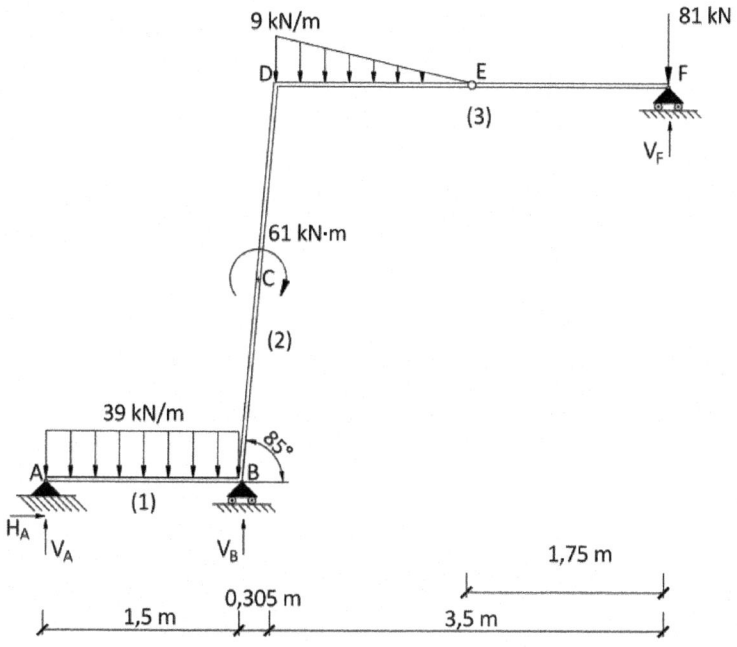

Conocido es que en el plano podemos plantear 3 ecuaciones de equilibrio, a las que podemos añadir tantas ecuaciones como rótulas dispongamos. Así, de este modo, para la estructura de la figura, el grado hiperestático es:

$$GH = 4 - [3 + 1] = 0$$

Al obtener un grado hiperestático 0 significa que es isostático, o lo que es lo mismo, con las ecuaciones de equilibrio se puede calcular las reacciones de los apoyos.

2. CALCULO DE LAS REACCIONES

En primer lugar, se aplica las ecuaciones de equilibrio, teniendo en cuenta las reacciones y el sistema de cargas aplicado:

Sumatorio de fuerzas horizontales igual a 0. En este caso el sistema de cargas aplicado a la estructura no aporta valores, simplemente contamos con las reacciones.

$$\Sigma F_H = 0 \rightarrow \mathbf{H_A = 0}$$

Sumatorio de fuerzas verticales igual a 0. En este caso el sistema de cargas aplicado a la estructura aporta tanto la carga uniformemente distribuida, la carga distribuida triangular como la carga puntual.

$$\Sigma F_V = 0$$

$$V_A + V_B + V_F - 39 \cdot 1,5 - 81 - \frac{1}{2} \cdot 1,75 \cdot 9 = 0$$

$$V_A + V_B + V_F = 147,375 \text{ kN (Ec. 1)}$$

Sumatorio de momentos flectores respecto al punto A igual a 0. En este caso tomamos como positivos los momentos antihorarios (eje Z). Tanto las reacciones como el sistema de cargas se valoran aplicando su brazo de palanca desde el punto seleccionado.

$$\Sigma M_A = 0$$

$$V_B \cdot 1,5 + V_F \cdot 5,305 - 61 - 81 \cdot 5,305$$

$$-\left(\frac{1}{2} \cdot 1,75 \cdot 9\right) \cdot \left(\frac{1}{3} \cdot 1,75 + 1,805\right) - 39 \cdot \frac{(1,5)^2}{2} = 0$$

$$1,5V_B + 5,305V_F = 553,388 \text{ kNm (Ec. 2)}$$

En este caso la estructura presenta una rótula en el Nudo E, por lo tanto, podemos plantear una nueva ecuación de equilibrio, se debe cumplir en la situación de equilibrio, que el momento en ese Nudo E debe ser nulo. Podemos realizar un corte en ese punto y plantear el equilibrio al resto de la estructura por la izquierda o por la derecha. En este caso tomamos la subestructura derecha como se muestra en la figura, igualando el momento a cero:

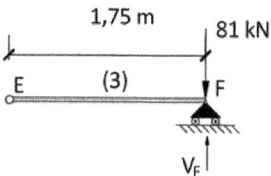

$$\Sigma M_{E\ derecha} = 0$$

$$V_F \cdot 1{,}75m - 81\ kN \cdot 1{,}75m = 0 \ \rightarrow \ \mathbf{V_F = 81\ kN}$$

Si sustituimos V_F en la ecuación 2 tenemos:

$$1{,}5V_B + 5{,}305 \cdot 81 = 553{,}388\ kNm \rightarrow \mathbf{V_B = 82{,}42\ kN}$$

Si sustituimos V_B y V_F en la ecuación 1 tenemos:

$$V_A + V_B + V_F = 147{,}375\ kN$$

$$\mathbf{V_A = -16{,}08\ kN}$$

3. CORTES. CÁLCULO DE ESFUERZOS INTERNOS

Ahora siendo conocidos los valores de las reacciones, realizamos los cortes necesarios para analizar los esfuerzos que se producen a lo largo de toda la estructura. En este caso:

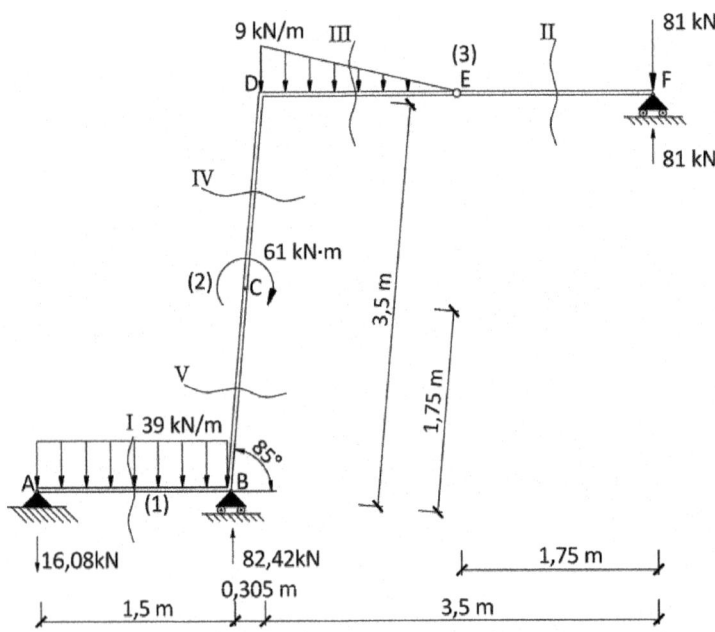

Como podemos observar en la figura realizaremos cinco cortes uno entre los nudos A-B en la barra (1), entre los nudos B-C y C-D en la barra (2), entre los nudos D-E y E-F de la barra (3). Esto nos permitirá identificar los esfuerzos internos en función de la directriz de la barra (denominada como variable "x") y así poder obtener los resultados para cada sección de la estructura.

$CORTE\ I$ $0m \leq x \leq 1,5m$

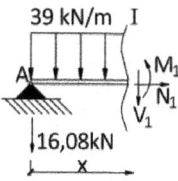

$$\Sigma F_H = 0; \ N_1 = 0 \text{ kN}$$

$$\Sigma F_V = 0; \ V_1 = -16,08 - 39x$$

Sustitución en los límites del intervalo:

$$V_1 = -16,08 \text{ kN } (x = 0m)$$

$$V_1 = -74,58 \text{ kN } (x = 1,5m)$$

$$\Sigma M_S = 0$$

$$M_1 = -16,08x - 39x\frac{x}{2} \rightarrow M_1 = -19,5x^2 - 16,08x$$

Sustitución en los límites del intervalo:

$$M_1 = 0 \text{ kNm } (x = 0m)$$

$$M_1 = -68,0 \text{ kNm } (x = 1,5m)$$

$CORTE\ II$ $0m \leq x \leq 1,75m$

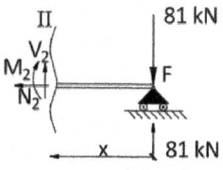

$$\Sigma F_H = 0; \ N_2 = 0 \text{ kN}$$

$$\Sigma F_V = 0; V_2 = 0 \text{ kN}$$

$$\Sigma M_S = 0; \ M_2 = 0 \text{ kNm}$$

CORTE III $1,75m \leq x \leq 3,5m$

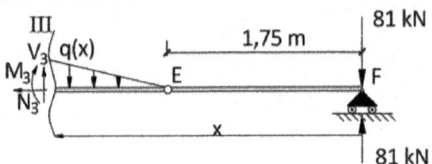

En este **Corte III**, aparece la carga triangular distribuida, por lo que deberemos primeramente obtener su ley de carga específica. Para ello se aplica semejanza de triángulos.

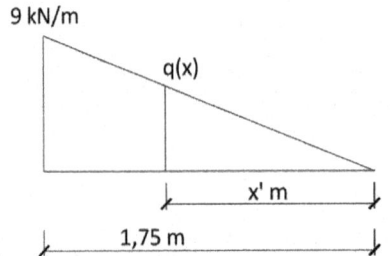

$$\frac{9 \text{ kN/m}}{1,75 \text{ m}} = \frac{q(x)}{x'}$$

Por lo que la ley será:

$$q(x) = \frac{9}{1,75} x'$$

Hay que tener en cuenta que:

$$x' = x - 1,75m$$

$$\Sigma F_H = 0; \ N_3 = 0 \text{ kN}$$

$$\Sigma F_V = 0; \ V_3 = \frac{1}{2}(x - 1,75m) \cdot \frac{9}{1,75}(x - 1,75)$$

Sustitución en los límites del intervalo:

$$V_3 = 0 \text{ kN} \ (x = 1,75 \text{ m})$$

$$V_3 = 7,875 \text{ kN} \ (x = 3,5m)$$

$$\Sigma M_S = 0$$

$$M_3 = \left[-\frac{1}{2}(x - 1,75m) \cdot \frac{9}{1,75}(x - 1,75)\right] \cdot \left[\frac{1}{3}(x - 1,75m)\right]$$

Sustitución en los límites del intervalo:

$$M_3 = 0 \text{ kNm} \ (x = 1,75 \text{ m})$$

$$M_3 = -4,59 \text{ kNm} \ (x = 3,5m)$$

CORTE IV	$0m \leq x \leq 1,75m$

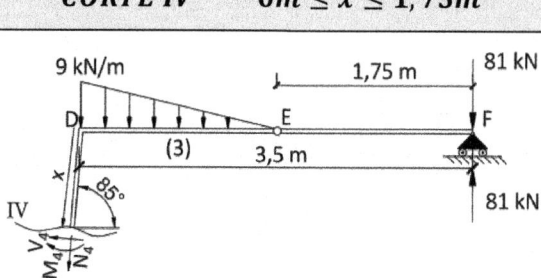

En este **Corte IV**, se puede establecer en el Nudo D, el sistema resultante de fuerzas de la barra (3) para que su resolución sea más sencilla. Para ello hay que fijarse que las fuerzas puntuales en el Nudo F se anulan, por lo que solo se tendrá en cuenta la carga triangular distribuida. Entonces el **Corte IV** quedará de la siguiente forma, teniendo que descomponer la fuerza puntual en las direcciones de la barra:

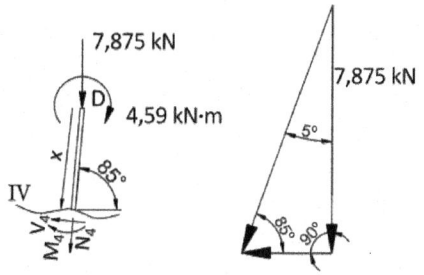

$$\Sigma F_H = 0$$

$$N_4 = -7,875 \cdot \text{sen}(85\º) = -7,90 \text{ kN}$$

$$\Sigma F_V = 0$$

$$V_4 = -7,90 \cdot \cos(85\º) = -0,689 \text{ kN}$$

$$\Sigma M_S = 0$$

$$M_4 = -4,59 - 0,689x$$

Sustitución en los límites del intervalo:

$$M_4 = -4,59 \text{ kNm } (x = 0m)$$

$$M_4 = -5,79 \text{ kNm } (x = 1,75m)$$

$CORTE\ V$	$1,75m \leq x \leq 3,5\ m$

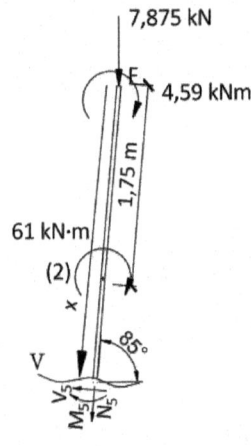

$$\Sigma F_H = 0$$

$$N_5 = -7,875 \cdot \text{sen}(85º) = -7,90\ \text{kN}$$

$$\Sigma F_V = 0$$

$$V_5 = -7,90 \cdot \cos(85º) = -0,689\ \text{kN}$$

$$\Sigma M_S = 0$$

$$M_4 = -61 - 4,59 - 0,689x$$

Sustitución en los límites del intervalo:

$$M_4 = -66,80\ \text{kNm}\ (x = 1,75m)$$

$$M_4 = -68,00\ \text{kNm}\ (x = 3,5m)$$

4. DIAGRAMAS DE ESFUERZOS

Una vez analizados los cortes, podemos representar gráficamente los diagramas de esfuerzos axiles, cortantes y momentos flectores. Se debe indicar que, para visualizar la existencia de esfuerzos en las barras, los diagramas no están escalados en función de sus valores.

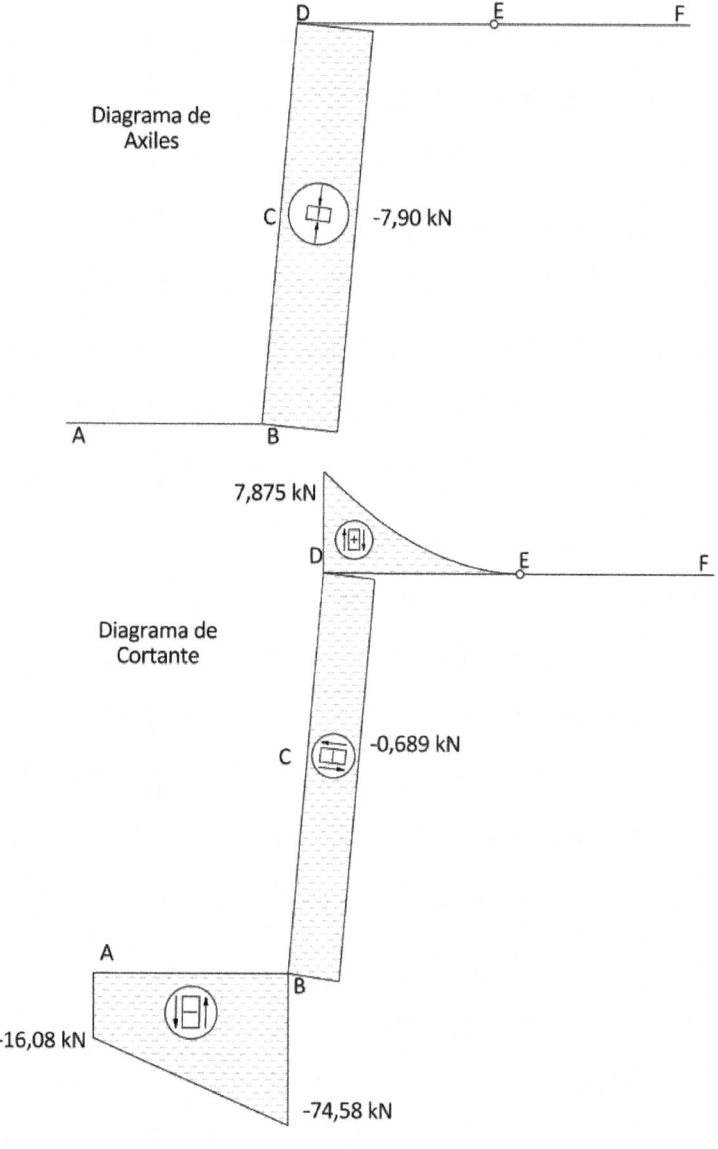

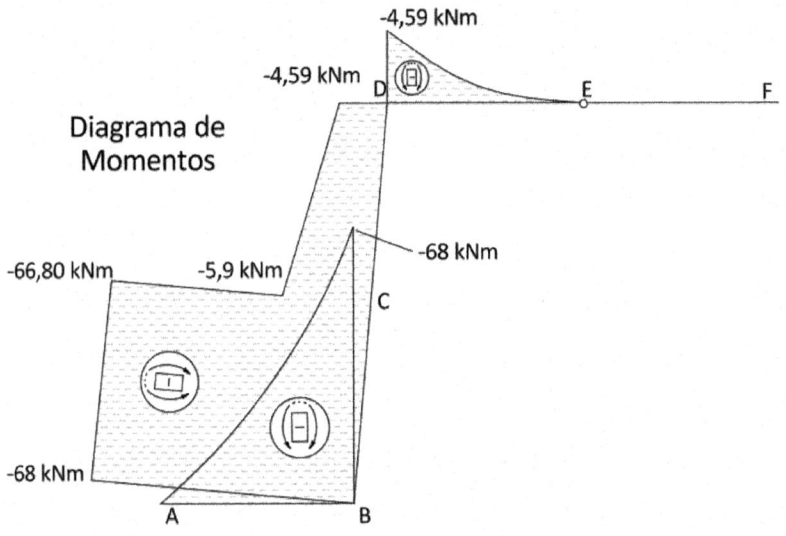

Diagrama de Momentos

5. DISEÑO DE LAS BARRAS A RESISTENCIA

A la vista del diagrama se localiza la sección o secciones más solicitadas, es decir los puntos donde el Momento Flector, Cortante y Axil sean máximos. En este caso el Momento Flector máximo se da en la sección donde se encuentra el Nudo B de la barra (1) y su valor es: $|M_{max}|$= 68 kNm y donde hay un esfuerzo cortante $|V|$=74,58 kN.

Diseño a Resistencia:

El valor de la tensión admisible será:

$$\sigma_{adm} = \frac{\sigma_{elástico}}{Y} = \frac{275 \, \text{MPa}}{1,5} = 183,33 \, \text{MPa}$$

Según la Ley de Navier y con el valor del momento flector máximo M_{max}, podemos calcular el módulo resistente de la sección:

$$W_z \geq \frac{M_{max}}{\sigma_{max}} = \frac{68 \, \text{kNm} \cdot \frac{1000 \text{mm}}{1 \text{m}} \cdot \frac{1000 \, \text{N}}{1 \, \text{kN}}}{183,33 \, \frac{\text{N}}{\text{mm}^2}} = 370.915,83 \, \text{mm}^3 = 370,915 \, \text{cm}^3$$

Con este valor calculado, vamos al prontuario de los perfiles y podemos seleccionar el perfil que tenga un valor mayor o igual al calculado. El primer perfil que cumple en este caso es un perfil **IPE 270**, cuyo módulo resistente tiene un valor de **W_z = 429 cm³**.

Con el valor del módulo resistente real del perfil, calcularemos la tensión normal generada por el Momento Flector en valor absoluto, que es de:

$$|\sigma_x| = \frac{M_z}{W_z} = \frac{68 \cdot 10^6 \, \text{Nmm}}{429 \cdot 10^3 \, \text{mm}^3} = 158,50 \, \text{MPa} < \sigma_{adm} = 183,33 \, \text{MPa}$$

Esta tensión normal será de tracción en la zona superior y de compresión en la zona inferior. Partiendo de este perfil ya podremos comprobar cada uno de los puntos de interés para lo que utilizaremos el Criterio de Fallo de **Von Mises**.

Sección B (Barra 1)

Según el criterio de **Von Mises**, la tensión equivalente tiene que ser siempre menor que la $\sigma_{admisible}$ del material y se calculará con la siguiente expresión:

$$\sigma_{equivalente} = \sqrt{\sigma_x^2 + 3\tau_{xy}^2}$$

En la Sección B de la barra 1, la tensión normal será la debida al esfuerzo normal y al momento flector, pero en esta sección el esfuerzo normal es cero, por lo que la tensión normal tendrá el valor que ya habíamos calculado:

$$\sigma_x = \frac{N}{A} + \frac{M_z}{W_z} = 0 + \frac{-68 \cdot 10^6 \text{ Nmm}}{429 \cdot 10^3 \text{ mm}^3} = \mathbf{-158,50 \text{ MPa}}$$

En la Sección B también tenemos esfuerzo cortante de valor |V|=74,58 kN y las tensiones cortantes producidas por ese esfuerzo se calcularán mediante la **Ley de Colignon**:

$$\tau_{xy} = \frac{V \cdot m_z}{e \cdot I_z}$$

El momento estático, el espesor y el momento de inercia del perfil los obtendremos del prontuario:

$$\tau_{xy} = \frac{V \cdot m_z}{e \cdot I_z} = \frac{74,58 \cdot 10^3 \text{N} \cdot 242 \text{ cm}^3 \cdot \frac{1000 \text{ mm}^3}{\text{cm}^3}}{6,6 \text{ mm} \cdot 5.790 \cdot 10^4 \text{ mm}^4} = \mathbf{47,23 \text{ MPa}}$$

Por lo tanto, la tensión equivalente según Von Mises es:

$$\sigma_{eq} = \sqrt{\sigma_x^2 + 3\tau_{xy}^2} = \sqrt{158,5^2 + 3 \cdot 47,23^2} =$$

$$\mathbf{178,37 \text{ MPa}} < \sigma_{adm} = \mathbf{183,33 \text{ MPa}}$$

Como $\sigma_{eq} < \sigma_{adm}$ lo que indica que el perfil (**IPE 270**) escogido cumple sin problemas. Para este ejercicio, y como se ha calculado en la barra (1) donde se localiza la sección más crítica y el perfil comprobado es el IPE 270, el resto de las barras se configuran con el mismo perfil, ya que al estar sometidas a unas solicitaciones de menor valor su resistencia queda comprobada.

6. CALCULO DEL DESPLAZAMIENTO VERTICAL EN EL NUDO D

En este apartado se calculará el desplazamiento vertical a través del método de la carga unitaria ampliamente utilizado en la Teoría de Resistencia de Materiales. La ejecución de este método de deformaciones implica una serie de pasos intermedios los cuales se irán desarrollando de forma consecutiva a continuación.

1. Aplicación de la carga unitaria ficticia

El primer paso que se debe abordar es sobre la estructura sin cargas externas, la aplicación de una carga puntual ficticia en el lugar donde se quiere calcular el desplazamiento. En el caso del ejercicio, es la deformación vertical en el Nudo D. Por lo que la configuración que adquiere la estructura será la siguiente:

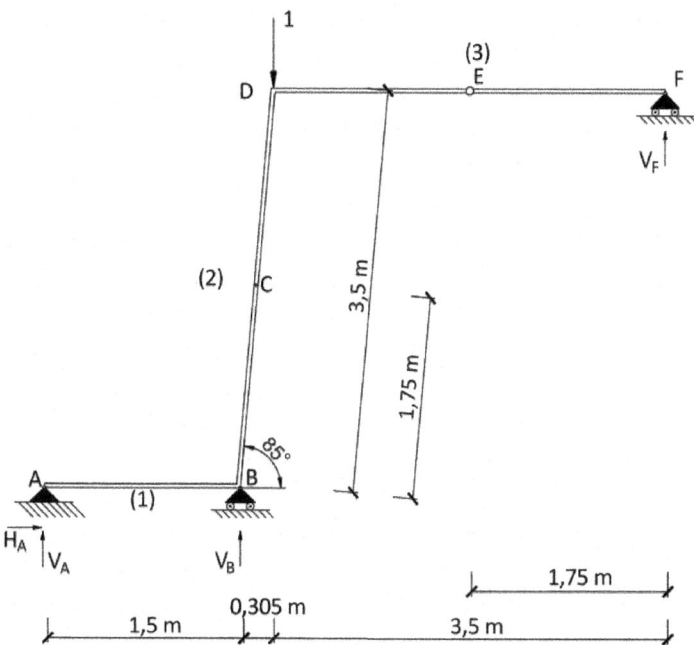

2. Cálculo de las reacciones y leyes de momentos

Para esta nueva configuración estructural y sin tener en cuenta las cargas externas, se deberá proceder a calcular las reacciones ficticias con el objetivo de definir nuevamente las leyes de momentos de la nueva configuración estructural. Por lo que el cálculo de las reacciones quedará de la forma:

Sumatorio de fuerzas horizontales igual a 0.

$$\Sigma F_H = 0 \rightarrow \mathbf{H_A = 0}$$

Sumatorio de fuerzas verticales igual a 0.

$$\Sigma F_V = 0$$
$$V_A + V_B + V_F - 1 = 0$$
$$V_A + V_B + V_F = 1 \ (Ec.1)$$

Sumatorio de momentos flectores respecto al punto A igual a 0.

$$\Sigma M_A = 0$$
$$V_B \cdot 1{,}5m + V_F \cdot 5{,}305m - 1 \cdot (1{,}5 + 0{,}305)m = 0$$
$$1{,}5V_B + 5{,}305V_F = 1{,}805m \ (Ec.2)$$

Sumatorio de momentos flectores respecto a la rótula (Nudo E) por la derecha igual a 0.

$$\Sigma M_{E\,der} = 0$$
$$V_F \cdot 1{,}75m = 0 \ \rightarrow \mathbf{V_F = 0}$$

Si sustituimos V_F en la ecuación 2 tenemos:

$$1{,}5V_B + 5{,}305 \cdot 0 = 1{,}805 \ m \rightarrow \mathbf{V_B = 1,203}$$

Si sustituimos V_B y V_F en la ecuación 1 tenemos:

$$V_A + V_B + V_F = 1$$
$$\mathbf{V_A = -0,203}$$

Calculadas las reacciones de la nueva configuración, se procede a realizar los cortes teniendo en cuenta la misma distribución previamente planteada. El objetivo se trata de mantener constante la distribución de la variable "x". En este caso y como se observa en la siguiente figura, el número de cortes necesarios es de cinco.

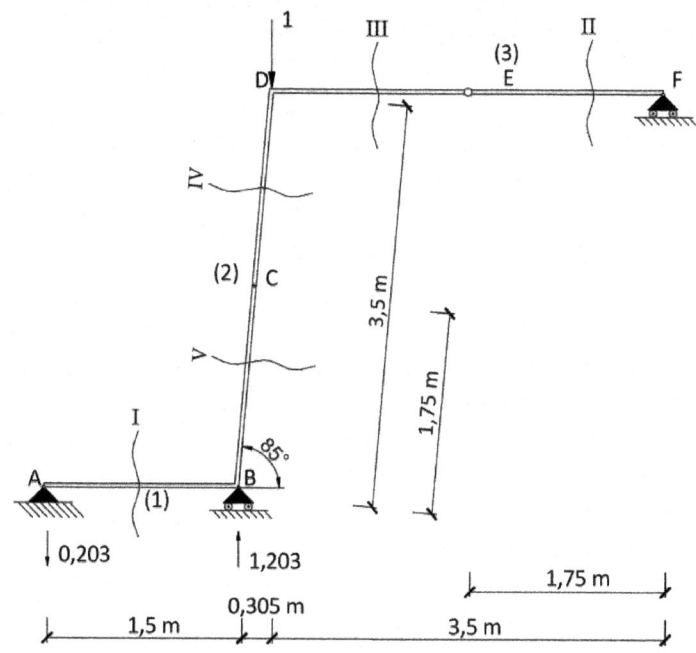

CORTE I $0m \leq x \leq 1,5m$

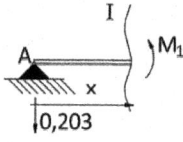

$\Sigma M_S = 0; \ M_1 = -0,203x$

CORTE II $0m \leq x \leq 1,75m$

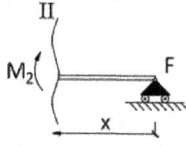

$\Sigma M_S = 0; \ M_2 = 0 \ m$

CORTE III $1,75m \leq x \leq 3,5m$

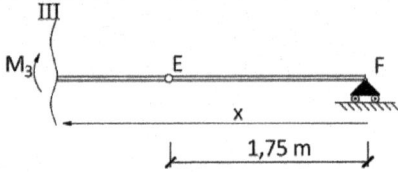

$$\Sigma M_S = 0; \; M_3 = 0 \text{ m}$$

CORTE IV $0m \leq x \leq 1,75m$

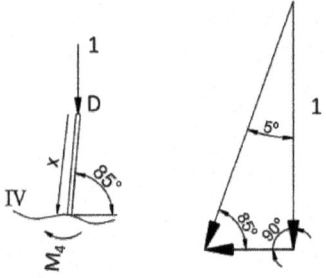

$$\Sigma M_S = 0; \; M_4 = -1 \cdot \text{sen}(5\underline{\text{o}}) \cdot x$$

CORTE V $1,75m \leq x \leq 3,5m$

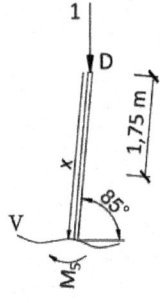

$$\Sigma M_S = 0; \; M_5 = -1 \cdot \text{sen}(5\underline{\text{o}}) \cdot x$$

3. Aplicación del Teorema de la Carga Unitaria

Una vez que se conocen las leyes de momentos para el estado de cargas externas (estado original de cargas), y las respectivas leyes de momentos que son originadas a consecuencia de la carga puntual ficticia, se deberá aplicar la formulación que corresponde con el teorema de la carga unitaria, cuya expresión es la siguiente:

$$\delta = \sum_{i=1}^{n} \int_{0}^{L} \frac{M_0(x) \cdot M_1(x)}{EI_Z} dx$$

Donde:

M_0: Se corresponden con las leyes de momentos de la estructura bajo el estado original de cargas externas.

M_1: Se corresponden con las leyes de momentos de la estructura bajo el estado de carga unitaria o ficticia.

EI_Z: Rigidez relativa de la barra. Esta rigidez puede ir variando a lo largo de la estructura si la barra se encuentra formada por diferentes perfiles metálicos, por lo tanto, se corresponderían diferentes valores de inercias. Para el caso de esta estructura y como se ha planteado en la sección de diseño a resistencia, esta estructura se configura con todas las barras a través de un IPE 270. Y el Módulo de Elasticidad o de Young asumiendo un valor promedio de 210 GPa, por lo que la rigidez relativa será constante para todos los tramos.

- ### Desplazamiento vertical Nudo D

La deformación vertical en el Nudo D quedará de la forma:

$$\delta = \sum_{i=1}^{n} \int_{0}^{L} \frac{M_0(x) \cdot M_1(x)}{EI_Z} dx$$

$$(\delta_V)_D = \int_{0m}^{1,5m} \frac{(-19,5x^2 - 16,08x) \cdot (-0,203x)}{EI_Z} dx +$$

$$+ \int_{0m}^{1,75m} \frac{(0) \cdot (0)}{EI_Z} dx +$$

$$+ \int_{1,75m}^{3,5m} \frac{\left[-\frac{1}{2}(x - 1,75) \cdot \frac{9}{1,75}(x - 1,75)\right] \cdot \left[\frac{1}{3}(x - 1,75)\right] \cdot (0)}{EI_Z} +$$

$$+ \int_{0m}^{1,75m} \frac{(-4,59 - 0,686x) \cdot (-1 \cdot sen(5º) x)}{EI_Z} dx$$

$$+ \int_{1,75m}^{3,5m} \frac{(-65,59 - 0,686x) \cdot (-1 \cdot sen(5º) x)}{EI_Z} dx$$

$$(\delta_V)_D = \frac{36,40967678}{EI_Z}$$

$$(\delta_V)_D = \frac{36,40967678}{EI_Z} = \frac{36,40967678 \cdot 10^3 Nm^3}{210 \cdot 10^9 \frac{N}{m^2} \cdot 5.790 \cdot 10^{-8} m^4} = 0,00299m$$

$$(\delta_V)_D = 2,99 \ mm$$

Hay que destacar que el resultado es positivo, lo que demuestra que la dirección planteada inicialmente para la carga unitaria es correcta.

7. CALCULO DEL GIRO EN EL NUDO D

Para el cálculo del giro, se sigue el mismo procedimiento que el aplicado para el cálculo del desplazamiento vertical en el Nudo D, con la diferencia que ahora se coloca un momento puntual ficticio en el Nudo D, por lo que la nueva configuración sobre la que trabajar será la siguiente:

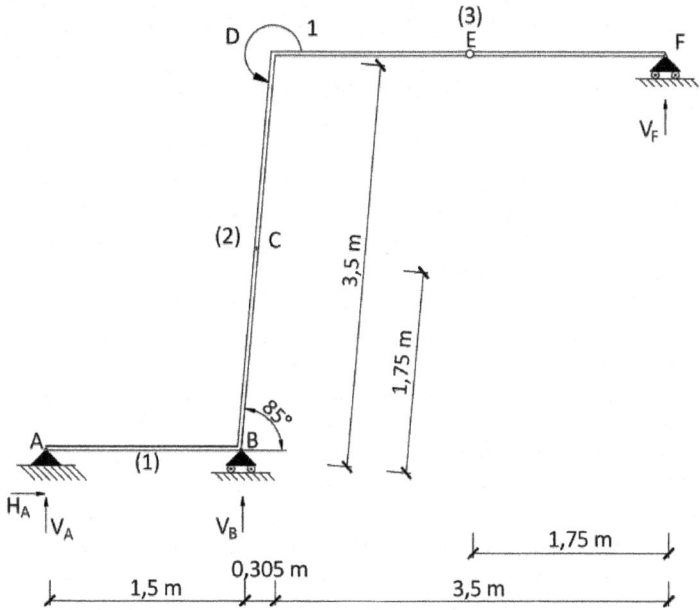

1. Cálculo de las reacciones y leyes de momentos

Para esta nueva configuración estructural y sin tener en cuenta las cargas externas, se deberá proceder a calcular las reacciones ficticias con el objetivo de definir nuevamente las leyes de momentos de la nueva configuración estructural. Por lo que el cálculo de las reacciones quedará de la forma:

<u>Sumatorio de fuerzas horizontales igual a 0.</u>

$$\Sigma F_H = 0 \rightarrow \mathbf{H_A} = \mathbf{0}$$

<u>Sumatorio de fuerzas verticales igual a 0.</u>

$$\Sigma F_V = 0$$

$$V_A + V_B + V_F = 0 \ (Ec. 1)$$

<u>Sumatorio de momentos flectores respecto al punto A igual a 0.</u>

$$\Sigma M_A = 0$$

$$V_B \cdot 1,5m + V_F \cdot 5,305m + 1 = 0$$

$$1,5V_B + 5,305V_F = -1 \ (Ec. 2)$$

Sumatorio de momentos flectores respecto a la rótula por la derecha igual a 0.

$$\Sigma M_{E\,der} = 0$$

$$V_F \cdot 1{,}75m = 0 \ \rightarrow V_F = 0$$

Si sustituimos V_F en la ecuación 2 tenemos:

$$1{,}5V_B + 5{,}305 \cdot 0 = 1 \rightarrow V_B = -2/3$$

Si sustituimos V_B y V_F en la ecuación 1 tenemos:

$$V_A + V_B + V_F = 0 \rightarrow V_A = 2/3$$

Calculadas las reacciones de la nueva configuración, se procede a realizar los cortes teniendo en cuenta la misma distribución previamente planteada. El objetivo se trata de mantener constante la distribución de la variable "x". En este caso y como se observa en la siguiente figura, el número de cortes es de cinco.

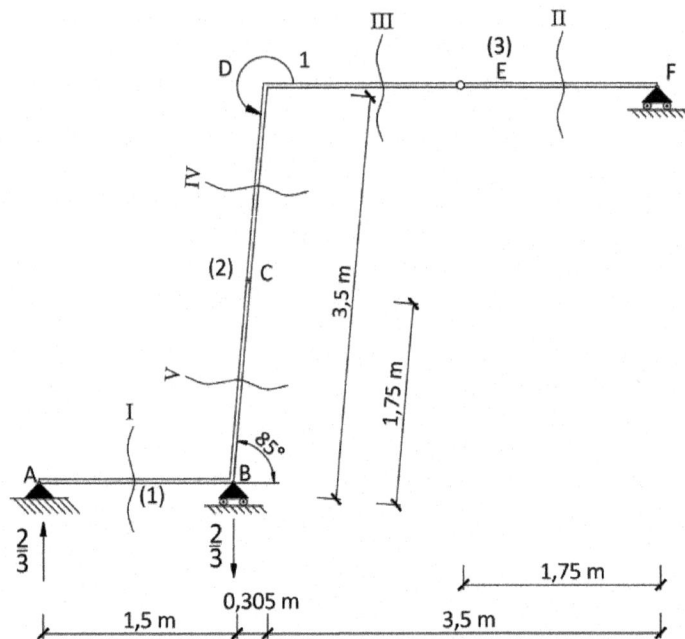

CORTE I $0m \leq x \leq 1,5m$

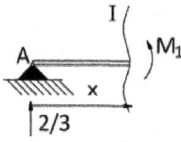

$$\Sigma M_S = 0; \quad M_1 = \frac{2}{3}x$$

CORTE II $0m \leq x \leq 1,75m$

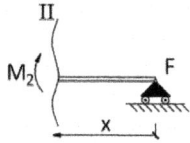

$$\Sigma M_S = 0; \quad M_2 = 0 \text{ m}$$

CORTE III $1,75m \leq x \leq 3,5m$

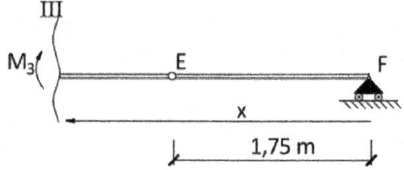

$$\Sigma M_S = 0; \quad M_3 = 0 \text{ m}$$

CORTE IV $0m \leq x \leq 1,75m$

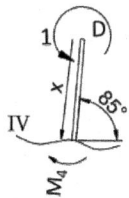

$$\Sigma M_S = 0; \; M_4 = 1$$

CORTE V $\qquad 1,75m \leq x \leq 3,5m$

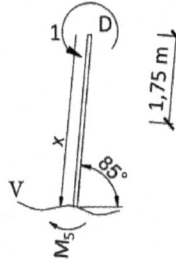

$$\Sigma M_S = 0; \; M_5 = 1$$

2. Aplicación del Teorema de la Carga Unitaria

Una vez que se conocen las leyes de momentos para el estado de cargas externas (estado original de cargas), y las respectivas leyes de momentos que son originadas a consecuencia de la carga puntual ficticia, se deberá aplicar la formulación que corresponde con el teorema de la carga unitaria, cuya expresión es la siguiente:

$$\theta = \sum_{i=1}^{n} \int_{0}^{L} \frac{M_0(x) \cdot M_1(x)}{EI_z} dx$$

Donde:

M_0: Se corresponden con las leyes de momentos de la estructura bajo el estado original de cargas externas.

M_1: Se corresponden con las leyes de momentos de la estructura bajo el estado de carga unitaria o ficticia.

EI_z: Rigidez relativa de la barra. Esta rigidez puede ir variando a lo largo de la estructura si la barra se encuentra formada por diferentes perfiles metálicos, por lo tanto, se corresponderán diferentes valores de inercias. Para el caso de esta estructura y como se ha planteado en la sección de diseño a resistencia, esta estructura se configura con todas las barras a través de un IPE 270. Y el Módulo de Elasticidad o de Young asumiendo un valor promedio de 210 GPa. Por lo que la rigidez relativa será constante para todos los tramos.

Giro en el Nudo D

El giro en el Nudo D quedará de la forma:

$$\theta = \sum_{i=1}^{n} \int_{0}^{L} \frac{M_0(x) \cdot M_1(x)}{EI_z} dx$$

$$\theta_D = \int_{0m}^{1,5m} \frac{(-19,5x^2 - 16,08) \cdot \left(\frac{2}{3}x\right)}{EI_z} dx + \int_{0m}^{1,75m} \frac{(0) \cdot (0)}{EI_z} dx +$$

$$+ \int_{1,75m}^{3,5m} \frac{\left[\left(-\frac{1}{2}(x - 1,75m) \cdot \frac{9}{1,75}x\right) \cdot \left[\frac{1}{3}(x - 1,75m)\right]\right] \cdot (0)}{EI_z} dx +$$

$$+ \int_{0m}^{1,75m} \frac{(-4,59 - 0,686x) \cdot (1)}{EI_z} dx + \int_{1,75m}^{3,5m} \frac{(-65,59 - 0,686x) \cdot (1)}{EI_z} dx$$

$$\theta_D = \frac{-155,529875}{EI_z}$$

$$\theta_D = \frac{-155,529875}{EI_z} = \frac{-155,529875 \text{ kNm}^2 \cdot \frac{10^3 \text{N}}{1 \text{ kN}}}{210 \cdot 10^9 \frac{\text{N}}{\text{m}^2} \cdot 5.790 \cdot 10^{-8} \text{m}^4}$$

$$\theta_D = -0,01279 \text{ rad}$$

$$\boldsymbol{\theta_D = -12,79 \text{ mrad}}$$

El resultado muestra que el Nudo D, sufre un giro de 12,79 mrad, pero con signo negativo. Esto indica que la dirección planteada inicialmente para el momento unitario puntual (sentido antihorario) es incorrecta y por lo tanto el giro en el Nudo D tiene sentido horario.

8. CÁLCULO DEL GIRO EN EL APOYO B

Finalmente se concluye el cálculo de deformaciones, con la obtención del giro en el apoyo articulado móvil en el Nudo B. Sin embargo, para la obtención de dicho giro se va a utilizar el método de cálculo de los Teoremas de Mohr.

El primer teorema se corresponde con los giros:

$$\theta_B = \theta_A + \int_{x_A}^{x_B} \frac{M(x)}{EI_z} dx \quad (1^\circ \text{ Teorema de Mohr})$$

Y el segundo teorema con las deformaciones:

$$y_B = y_A + \theta_A \overline{AB} + \int_{x_A}^{x_B} \frac{M(x)}{EI_z} \cdot (x_B - x) dx \quad (2^\circ \text{ Teorema de Mohr})$$

Particularizando para el caso de estudio, primeramente, se debe conocer la ley de momentos del tramo AB, que corresponde con la barra (1). Recapitulando de secciones anteriores, se demuestra que esta ley es la siguiente:

$$M_1 = -19{,}5x^2 - 16{,}08x \quad 0 \le x \le 1{,}5m$$

Primeramente, para la obtención del giro en B (θ_B), se deberá obtener el giro en A (θ_A), por lo que se deberá aplicar de forma preliminar el 2º Teorema de Mohr. A esto se añade que se debe tener en cuenta las condiciones de contorno existentes. Es decir, en el Nudo A y en el Nudo B se tratan de apoyos articulados, por lo que su deformación en dichos puntos es nula ($y_A = y_B = 0$). Entonces aplicando el 2º Teorema de Mohr quedará de la forma:

$$y_B = y_A + \theta_A \overline{AB} + \int_{x_A}^{x_B} \frac{M(x)}{EI_z} \cdot (x_B - x) dx$$

$$0 = 0 + \theta_A \cdot 1{,}5 + \int_{0m}^{1{,}5m} \frac{(-19{,}5x^2 - 16{,}08x)}{EI_z} \cdot (1{,}5 - x)dx$$

$$\theta_A = \frac{11{,}514375}{EI_z}$$

Conocido el giro en A (θ_A), se puede calcular el giro en B (θ_B), a través del 1º Teorema de Mohr, quedando de la forma:

$$\theta_B = \frac{+11{,}514375}{EI_z} + \int_{0m}^{1{,}5m} \frac{(-19{,}5x^2 - 16{,}08x)}{EI_z} dx$$

$$\theta_B = \frac{-28{,}513125}{EI_z}$$

Este resultado puede ser expresado en unidades de ángulo (radianes) porque se conoce tanto el Módulo de Young del acero y la inercia del perfil IPE 270. Por lo que queda:

$$\theta_B = \frac{-28{,}513125 \text{ kNm}^2 \cdot \frac{10^3 N}{1 \text{ kN}}}{210 \cdot 10^9 \frac{N}{m^2} \cdot 5{.}790 \cdot 10^{-8} m^4}$$

$$\boldsymbol{\theta_B = -0{,}002345 \text{ rad} = -2{,}345 \text{ mrad}}$$

El signo en este resultado indica que su sentido es horario. Porque por convenio en Resistencia de Materiales, un giro con signo positivo tiene un sentido antihorario, mientras que el signo negativo indica el caso contrario, como se muestra en el siguiente esquema que representa la deformación de la barra (1):

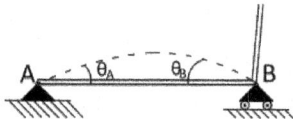

9. DEFORMADA ESTIMA

Finalmente, en esta sección se representa de forma gráfica la deformada estima que adquiere la estructura analizada en función del sistema de cargas externo evaluado. Para dibujar una correcta deformada estima, se debe tener en cuenta unos aspectos a considerar que se enuncian a continuación.

- **Condiciones de contorno:**

La deformada estima debe ser coherente en todo momento con las condiciones de contorno que dispone la estructura, si dispone de un empotramiento, apoyo articulado fijo y apoyo articulado móvil.

- **Representación de la deflexión:**

La curvatura que adquiere la deforma estima en cada barra y dentro de las mismas en cada tramo, varía en función de la ley de momentos flectores previamente calculada. Una curvatura cóncava, implica en la ley de momentos tracción en la fibra inferior de la sección y compresión en la fibra superior. En caso contrario se habla de una curvatura convexa.

La representación de la deformada estima de esta estructura será la siguiente figura:

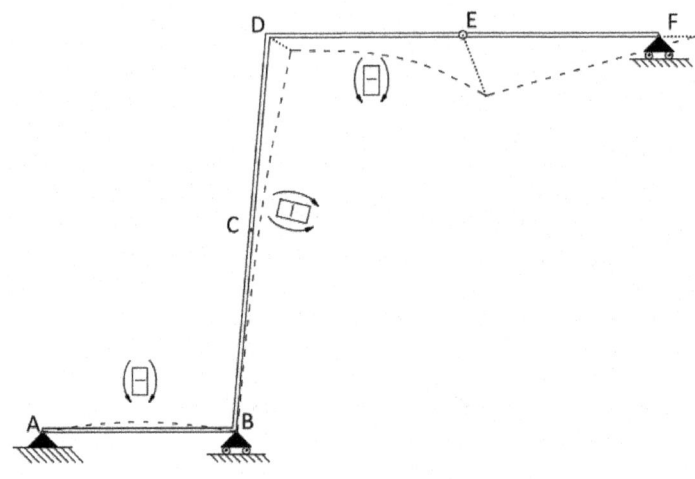

PROBLEMA 2

La siguiente estructura se encuentra formada por dos barras. En el Nudo B existe una rótula. La estructura se encuentra vinculada con el exterior a través de un empotramiento en el Nudo A y un apoyo articulado móvil en el Nudo D. Para el tramo AB de la barra (1) existe una carga triangular distribuida triangular de valor 100 kN/m. En el tramo CD de la barra (2), existe una carga uniformemente distribuida de valor 25 kN/m. Todas las barras son del mismo material (Acero S235; E=210 GPa) y en el diseño se aplica un coeficiente de seguridad de ϒ = 1,25.

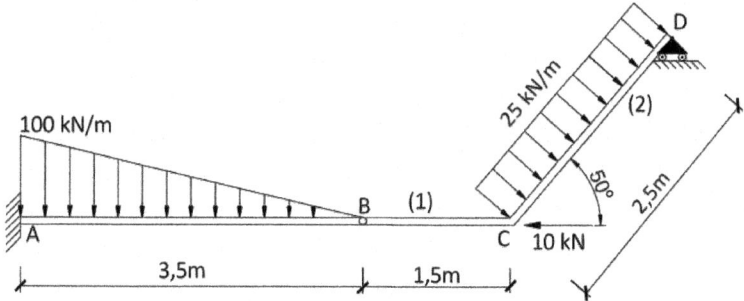

Para la estructura anterior se pide:

1. Cálculo del Grado de Hiperestaticidad de la estructura.
2. Cálculo de las reacciones de la estructura.
3. Cálculo de los esfuerzos internos de la estructura.
4. Representar gráficamente los diagramas de esfuerzos internos (Axiles, Cortantes y Momentos Flectores) de la estructura.
5. Dimensionar según el criterio de Von Mises y utilizar la serie de perfiles HEB.
6. Calcular el giro por la izquierda de la rótula (Nudo B). Aplicar la Ecuación Característica de la Elástica.
7. Calcula el desplazamiento vertical en la rótula (Nudo B). Aplicar la Ecuación Característica de la Elástica.
8. Representación de la deformada estima.

1. GRADO DE HIPERESTATICIDAD

El primer paso es determinar el grado hiperestático que tiene la estructura. Para ello a las incógnitas en reacciones (R), le restamos las ecuaciones de equilibrio (E) más el número de rótulas (r), este último valor indica el número de ecuaciones que disponemos. De esta forma para alcanzar un grado de hiperestático 0, permite disponer de tantas ecuaciones como incógnitas:

$$GH = R - [E + r]$$

En este caso contamos con un apoyo articulado móvil (Nudo D) y un empotramiento (Nudo A), por lo tanto, tenemos 4 reacciones. Además, la estructura incorpora una rótula en el Nudo B.

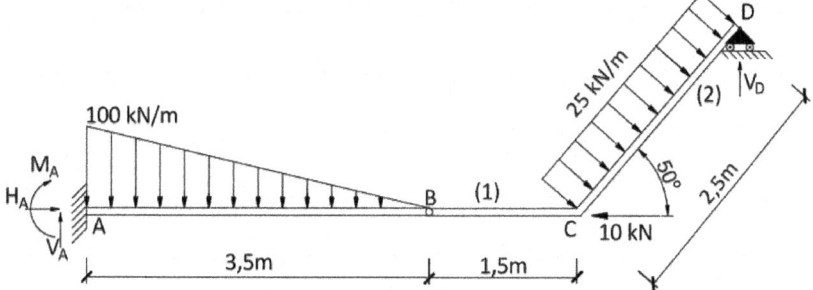

Conocido es que en el plano podemos plantear 3 ecuaciones de equilibrio, a las que podemos añadir tantas ecuaciones como rótulas dispongamos. Así, de este modo, para la estructura de la figura, el grado hiperestático es:

$$GH = 4 - [3 + 1] = 0$$

Al obtener un grado hiperestático 0 significa que es isostático, o lo que es lo mismo, con las ecuaciones de equilibrio se puede calcular las reacciones de los apoyos.

2. CALCULO DE LAS REACCIONES

En primer lugar, se aplica las ecuaciones de equilibrio, teniendo en cuenta las reacciones y el sistema de cargas aplicado:

Sumatorio de fuerzas horizontales igual a 0. En este caso el sistema de cargas aplicado a la estructura es la propia carga puntual, y la componente horizontal que genera la carga uniformemente distribuida.

$$\Sigma F_H = 0;$$

$$H_A + 10 - 25 \cdot 2,5 \cdot sen(50^\circ) = 0$$

$$\mathbf{H_A = -37,88 \ kN}$$

Sumatorio de fuerzas verticales igual a 0. En este caso el sistema de cargas aplicado a la estructura aporta tanto la carga uniformemente distribuida en su respectiva componente vertical y la carga distribuida triangular.

$$\Sigma F_V = 0$$

$$V_A + V_D - 25 \cdot 2,5 \cdot \cos(50^\circ) - \frac{1}{2} \cdot 3,5 \cdot 100 = 0$$

$$V_A + V_D = 215,17 \ kN \ (Ec. 1)$$

Sumatorio de momentos flectores respecto al punto A igual a 0. En este caso tomamos como positivos los momentos antihorarios (eje Z). Tanto las reacciones como el sistema de cargas se valoran aplicando su brazo de palanca desde el punto seleccionado.

$$\Sigma M_A = 0$$

$$-M_A + V_D \cdot (5 + 2,5 \cos(50^\circ)) - \frac{1}{2} \cdot 3,5 \cdot 100 \cdot \frac{1}{3} \cdot 3,5$$

$$-25 \cdot 2,5 \cdot sen(50^\circ) \cdot (1,25 \cdot sen(50^\circ))$$

$$-25 \cdot 2,5 \cdot \cos(50^\circ) \cdot (5 + 1,25 \cdot \cos(50^\circ)) = 0$$

$$-M_A + 6,6069V_D = 483,1627 \ kNm \ (Ec. 2)$$

La estructura presenta una rótula en el Nudo B, por lo tanto, podemos plantear una nueva ecuación de equilibrio, se debe cumplir en la situación de equilibrio que el momento en ese Nudo B debe ser nulo. Podemos realizar un corte en ese punto y plantear el equilibrio al resto de la estructura por la izquierda o por la derecha. En este caso tomamos la subestructura derecha como se muestra en la figura, igualando el momento a cero:

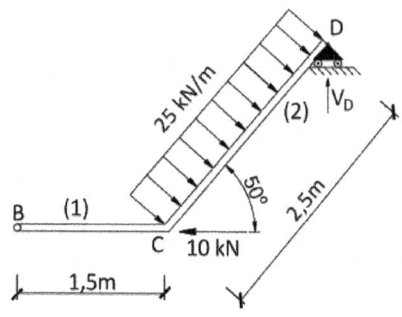

$$\Sigma M_{B\ derecha} = 0$$

$$V_D \cdot (1,5 + 2,5\cos(50º)) - 25 \cdot 2,5 \cdot sen(50º) \cdot \left(1,25 \cdot sen(50º)\right)$$

$$- 25 \cdot 2,5 \cdot \cos(50º) \cdot (1,5 + 1,25 \cdot \cos(50º)) = 0$$

$$V_D = 44,54\ \textbf{kN}$$

Si sustituimos V_D en la Ec.1 tenemos:

$$V_A + V_D = 215{,}17\ kN\ (Ec.\ 1)$$

$$V_A = 170,63\ \textbf{kN}$$

Si sustituimos V_D en la Ec.2 tenemos:

$$-M_A + 6{,}6069 V_D =\ kNm$$

$$-M_A + 6{,}6069 \cdot 44{,}54 = 483{,}162\ kNm\ (Ec.\ 2)$$

$$M_A = -188,89\ \textbf{kNm}$$

3. CORTES. CÁLCULO DE ESFUERZOS INTERNOS

Ahora siendo conocidos los valores de las reacciones, realizamos los cortes necesarios para analizar los esfuerzos que se producen a lo largo de toda la estructura. En este caso:

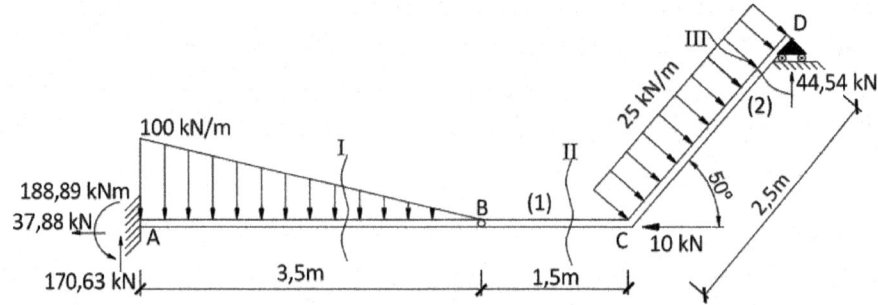

Como podemos observar en la figura realizaremos tres cortes uno entre los nudos A-B y B-C en la barra (1), y otro corte entre los nudos C-D en la barra (2). Esto nos permitirá identificar los esfuerzos internos en función de la directriz de la barra (denominada como variable "x") y así poder obtener los resultados para cada sección de la estructura.

CORTE I $\quad 0m \leq x \leq 3,5m$

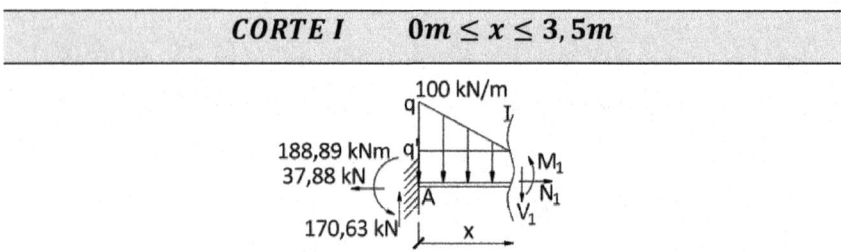

En este **Corte I**, al realizar el estudio de los esfuerzos internos por la izquierda (Nudo A), la carga triangular se transforma en una carga trapezoidal, por lo tanto, deberemos estudiarla como se muestra en la siguiente figura.

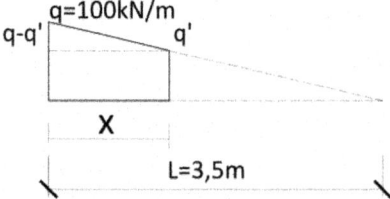

Primeramente, deberemos calcular el área de carga del trapecio existente por ser nuestra carga a esfuerzo cortante.

$$\Omega = \frac{(B+b)}{2}h \rightarrow \Omega = \frac{(q+q')}{2}x$$

Realizando una semejanza de triángulos en la carga triangular distribuida:

$$\frac{q}{L} = \frac{q'}{L-x} \rightarrow q' = \frac{(L-x)}{L}q$$

Sustituyendo en la fórmula anterior del área de carga quedará de la siguiente forma:

$$\Omega = \frac{(q+q')}{2}x = \frac{\left(q+q-\frac{x}{L}q\right)}{2}x$$

$$\Omega = qx - q\frac{x^2}{2L}$$

Finalmente, si sustituimos los valores quedará de la forma:

$$\Omega = 100x - 100\frac{x^2}{7}$$

$$\Sigma F_H = 0; \; N_1 = 37{,}88 \text{ kN}$$

$$\Sigma F_V = 0; \; V_1 = 170{,}63 - \left(100x - \frac{100}{7}x^2\right)$$

$$V_1 = 170{,}63 - \left(100x - \frac{100}{7}x^2\right) = 0 \rightarrow x = 2{,}95\text{m}$$

Sustitución en los límites del intervalo:

$$V_1 = 170{,}63 \text{ kN } (x = 0\text{m})$$

$$V_1 = 0 \text{ kN } (x = 2{,}95\text{m})$$

$$V_1 = -4{,}37 \text{ kN } (x = 3{,}5\text{m})$$

$$\Sigma M_S = 0$$

$$M_1 = -188{,}89 + 170{,}63x - \left(100 - \frac{100}{3{,}5}x\right)x\left(\frac{x}{2}\right)$$

$$-\frac{1}{2}x\left(\frac{100}{3{,}5}x\right)\left(\frac{2}{3}x\right)$$

$$M_1 = \frac{100}{21}x^3 - 50x^2 + 170,63x - 188,89$$

Sustitución en los límites del intervalo:

$$M_1 = -188,89 \text{ kNm } (x = 0m)$$

$$M_1 = 1,60 \text{ kNm } (x = 2,95m)$$

$$M_1 = 0 \text{ kNm } (x = 3,5m)$$

CORTE II $\quad$ $3,5m \leq x \leq 5m$

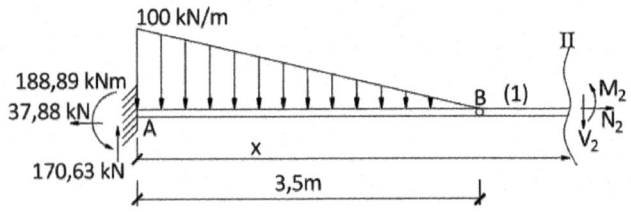

$$\Sigma F_H = 0; N_2 = 37,88 \text{ kN}$$

$$\Sigma F_V = 0 \quad V_2 = \frac{-1}{2} \cdot 3,5 \cdot 100 + 170,63 = -4,37 \text{ kN}$$

$$\Sigma M_S = 0$$

$$M_2 = -188,89 + 170,63x - \frac{1}{2} \cdot 3,5 \cdot 100 \cdot \left(x - \frac{1}{3} \cdot 3,5\right)$$

$$M_2 = -4,37x + 15,276$$

Sustitución en los límites del intervalo:

$$M_2 = 0 \text{ kNm } (x = 3,5 \text{ m})$$

$$M_2 = -6,55 \text{ kNm } (x = 5m)$$

CORTE III $0m \leq x \leq 2,5m$

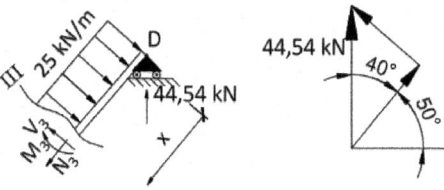

$\Sigma F_H = 0; \ N_3 = 44,54 \cdot \cos(40^\circ) = 34,12 \ kN$

$\Sigma F_V = 0; \ V_3 = -44,54 \cdot \text{sen}(40^\circ) + 25x$

$V_3 = -44,54 \cdot \text{sen}(40^\circ) + 25x = 0 \rightarrow x = 1,145m$

Sustitución en los límites del intervalo:

$V_3 = -28,63 \ kN \ (x = 0 \ m)$

$V_3 = 33,87 \ kN \ (x = 2,5m)$

$\Sigma M_S = 0;$

$$M_3 = -25\frac{x^2}{2} + 44,54 \cdot \text{sen}(40^\circ)x$$

Sustitución en los límites del intervalo:

$M_3 = 0 \ kNm \ (x = 0 \ m)$

$M_3 = -6,55 \ kNm \ (x = 2,5m)$

$M_3 = 16,39 \ kNm \ (x = 1,145m)$

4. DIAGRAMAS DE ESFUERZOS

Una vez analizados los cortes, podemos representar gráficamente los diagramas de esfuerzos axiles, cortantes y momentos flectores. Se debe indicar que, para visualizar la existencia de esfuerzos en las barras, los diagramas no están escalados en función de sus valores.

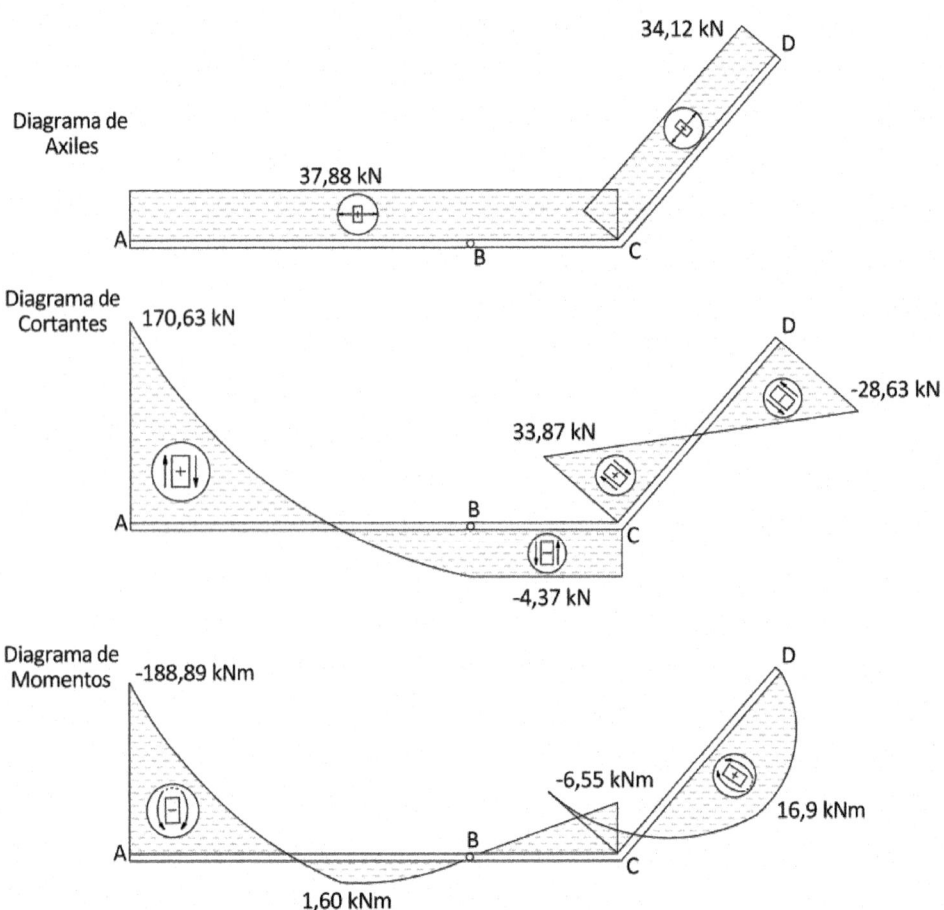

5. DISEÑO DE LAS BARRAS A RESISTENCIA

A la vista del diagrama se localiza la sección o secciones más solicitadas, es decir los puntos donde el Momento Flector, Cortante y Axil sean máximos. En este caso el Momento Flector máximo se da en la sección donde se encuentra el Nudo A de la barra (1) y su valor es: $|M_{max}|$= 188,89 kNm también un esfuerzo cortante $|V|$=170,63 kN, y finalmente un esfuerzo axil $|N|$=37,88 kN.

Diseño a Resistencia:

El valor de la tensión admisible será:

$$\sigma_{adm} = \frac{\sigma_{elástico}}{Y} = \frac{235 \text{ MPa}}{1,25} = 188 \text{ MPa}$$

Según la Ley de Navier y con el valor del momento flector máximo M_{max}, podemos calcular el módulo resistente de la sección:

$$W_z \geq \frac{M_{max}}{\sigma_{max}} = \frac{188,89 \text{ kNm} \cdot \frac{1000mm}{1m} \cdot \frac{1000 \text{ N}}{1 \text{ kN}}}{188 \frac{N}{mm^2}} = 1.004.734 \text{ mm}^3 = 1004,73 \text{ cm}^3$$

Con este valor calculado, vamos al prontuario de los perfiles y podemos seleccionar el perfil que tenga un valor mayor o igual al calculado. El primer perfil que cumple en este caso es un perfil **HEB 260**, cuyo módulo resistente tiene un valor de **W_z = 1.150 cm³**.

Con el valor del módulo resistente real del perfil, calcularemos la tensión normal generada por el Momento Flector en valor absoluto, que es de:

$$|\sigma_x| = \frac{M_z}{W_z} = \frac{188,89 \cdot 10^6 \text{ Nmm}}{1150 \cdot 10^3 \text{ mm}^3} = 164,25 \text{ MPa} < \sigma_{adm} = 188 \text{ MPa}$$

Esta tensión normal será de tracción en la zona superior y de compresión en la zona inferior. Partiendo de este perfil ya podremos comprobar cada uno de los puntos de interés para lo que utilizaremos el Criterio de Fallo de **Von Mises**.

Sección A (Barra 1)

Según el criterio de **Von Mises**, la tensión equivalente tiene que ser siempre menor que la $\sigma_{\text{admisible}}$ del material y se calculará con la siguiente expresión:

$$\sigma_{\text{equivalente}} = \sqrt{\sigma_x^2 + 3\tau_{xy}^2}$$

En la Sección A la tensión normal será la debida al esfuerzo normal y al momento flector, por lo que la tensión normal tendrá el siguiente valor:

$$\sigma_x = \frac{N}{A} + \frac{M_z}{W_z} = \frac{+37{,}88 \cdot 10^3 \text{N}}{118{,}4 \cdot 10^2 \text{mm}^2} + \frac{-188{,}89 \cdot 10^6 \text{ Nmm}}{1.150 \cdot 10^3 \text{ mm}^3} = \boldsymbol{-161{,}05 \text{ MPa}}$$

En la Sección A también tenemos esfuerzo cortante de valor V= 170,63kN y las tensiones cortantes producidas por ese esfuerzo se calcularán mediante la **Ley de Colignon**:

$$\tau_{xy} = \frac{V \cdot m_z}{e \cdot I_z}$$

El momento estático, el espesor y el momento de inercia del perfil los obtendremos del prontuario:

$$\tau_{xy} = \frac{V \cdot m_z}{e \cdot I_z} = \frac{170{,}63 \cdot 10^3 \text{N} \cdot 641 \text{ cm}^3 \cdot \frac{1000 \text{ mm}^3}{\text{cm}^3}}{10 \text{ mm} \cdot 14.919 \cdot 10^4 \text{ mm}^4} = \boldsymbol{73{,}311 \text{ MPa}}$$

Por lo tanto, la tensión equivalente según Von Mises es:

$$\sigma_{eq} = \sqrt{\sigma_x^2 + 3\tau_{xy}^2} = \sqrt{161{,}05^2 + 3 \cdot 73{,}311^2} =$$

$$\boldsymbol{205{,}09 \text{ MPa} > \sigma_{adm} = 188 \text{ MPa}}$$

Como se aprecia la σ_{eq} es superior a la máxima tensión admisible ($\sigma_{adm} = 188$ MPa), por lo que se demuestra que el perfil **HEB 260**, no cumple los criterios de diseño. Para ello se repite el proceso de cálculo previo, sin embargo, ahora se escoge un perfil inmediatamente superior en la serie de perfiles. Este resulta ser un **HEB 280** y su respectiva comprobación.

En la Sección A la tensión normal será la debida al esfuerzo normal y al momento flector:

$$\sigma_x = \frac{N}{A} + \frac{M_z}{W_z} = \frac{+37{,}88 \cdot 10^3 \, \text{N}}{131{,}4 \cdot 10^2 \, \text{mm}^2} + \frac{-188{,}89 \cdot 10^6 \, \text{Nmm}}{1.380 \cdot 10^3 \, \text{mm}^3} = \mathbf{-133{,}99 \, MPa}$$

$$\tau_{xy} = \frac{V \cdot m_z}{e \cdot I_z} = \frac{170{,}63 \cdot 10^3 \, \text{N} \cdot 767 \, \text{cm}^3 \cdot \frac{1000 \, \text{mm}^3}{\text{cm}^3}}{10{,}5 \, \text{mm} \cdot 19.270 \cdot 10^4 \, \text{mm}^4} = \mathbf{64{,}68 \, MPa}$$

Por lo tanto, la tensión equivalente según Von Mises es:

$$\sigma_{eq} = \sqrt{\sigma_x^2 + 3\tau_{xy}^2} = \sqrt{133{,}99^2 + 3 \cdot 64{,}68^2} =$$

$$\mathbf{174{,}65 \, MPa > \sigma_{adm} = 188 \, MPa}$$

Como $\sigma_{eq} < \sigma_{adm}$ lo que indica que el perfil (**HEB 280**) escogido cumple sin problemas. Para este ejercicio, y como se ha calculado en la barra (1) donde se localiza la sección más crítica y el perfil adecuado es el HEB 280. El resto de las barras se configuran con el mismo perfil, ya que al estar sometidas a unas solicitaciones de menor valor su resistencia queda comprobada.

6. CÁLCULO DEL GIRO POR LA IZQUIERDA DE LA RÓTULA

La ecuación característica de la elástica establece que:

$$M(x) = y'' EI_z$$

Si la ecuación diferencial anterior, se integra una vez obtendremos la ecuación giros de la barra:

$$\theta(x) = \frac{dy}{dx} = y' = \int \frac{M(x)}{EI_z} dx$$

Si sobre esta ecuación diferencial se vuelve a integrar obtendremos la ecuación de desplazamientos o deformaciones:

$$y(x) = \int \theta(x)\, dx = \iint \frac{M(x)}{EI_z}\, dx$$

Sobre estas ecuaciones tanto de giros, como deformaciones irán apareciendo una serie de constantes de integración (C1, C2...). Para obtener sus respectivos valores se deberá tener en cuenta las condiciones de contorno de la estructura. Alguna de las comunes en estructuras se muestra a continuación.

- **Continuidad en tramos:**

$$y_I(x_A) = y_{II}(x_A)$$

$$\theta_I(x_A) = \theta_{II}(x_A)$$

- **Continuidad en rótula:**

$$y_I(x_A) = y_{II}(x_A)$$

- **Apoyo Articulado:**

$$y_I(x_A) = 0$$

- **Empotramiento:**

$$\theta_I(x_A) = 0$$

$$y_I(x_A) = 0$$

Corte I 0m ≤ x ≤ 3,5m

$$M_1(x) = \frac{100}{21}x^3 - 50x^2 + 170{,}63x - 188{,}89$$

$$\theta_1(x) = \frac{dy}{dx} = y_1' = \int \frac{M_1(x)}{EI_z}\, dx$$

$$\theta_1(x) = \int \frac{(\frac{100}{21}x^3 - 50x^2 + 170{,}63x - 188{,}89)}{EI_z}\, dx$$

$$\theta_1(x) = \frac{1}{EI_z}\left[\frac{100}{84}x^4 - \frac{50}{3}x^3 + \frac{170{,}63}{2}x^2 - 188{,}89x + A\right]$$

$$y_1(x) = \int \theta_1(x)\,dx =$$

$$= \int \frac{1}{EI_z}\left(\frac{100}{84}x^4 - \frac{50}{3}x^3 + \frac{170{,}63}{2}x^2 - 188{,}89x + A\right)dx$$

$$y_1(x) = \frac{1}{EI_z}\left[\frac{100}{420}x^5 - \frac{25}{6}x^4 + \frac{170{,}63}{6}x^3 - \frac{188{,}89}{2}x^2 + Ax + B\right]$$

Condiciones de contorno:

En el Nudo A, existe un empotramiento, por lo tanto, el desplazamiento y el giro en ese nudo debe ser nulo, por lo que las condiciones de contorno serán:

$$\theta_1(x = 0) = 0$$

$$y_1(x = 0) = 0$$

Imponiendo estas condiciones de contorno en las ecuaciones anteriores, se puede obtener de forma directa las constantes de integración A, B.

$$\theta_1(x = 0) = 0 \rightarrow \frac{1}{EI_z}\left[\frac{100}{84}0^4 - \frac{50}{3}0^3 + \frac{170{,}63}{2}0^2 - 188{,}89 \cdot 0 + A\right]$$

$$\mathbf{A = 0}$$

$$y_1(x = 0) = 0 \rightarrow \frac{1}{EI_z}\left[\frac{100}{420}0^5 - \frac{25}{6}0^4 + \frac{170{,}63}{6}0^3 - \frac{188{,}89}{2}0^2 + A0 + B\right]$$

$$\mathbf{B = 0}$$

Por lo tanto, queda de forma perfectamente definida las ecuaciones características de giros $\theta_1(x)$ y deformaciones $y_1(x)$ para el Corte I.

$$\theta_1(x) = \frac{1}{EI_z}\left[\frac{100}{84}x^4 - \frac{50}{3}x^3 + \frac{170{,}63}{2}x^2 - 188{,}89x\right]; 0 \leq x \leq 3{,}5m$$

$$y_1(x) = \frac{1}{EI_z}\left[\frac{100}{420}x^5 - \frac{25}{6}x^4 + \frac{170{,}63}{6}x^3 - \frac{188{,}89}{2}x^2\right]; 0 \leq x \leq 3{,}5m$$

Finalmente, conociendo que la rótula se sitúa en el Nudo B, a una distancia de 3,5m del empotramiento del Nudo A, se podrá obtener los valores de giro por la izquierda de la rótula y su respectivo descenso vertical del mismo.

$$\theta_1(x = 3{,}5m) = \frac{1}{EI_z}\left[\frac{100}{84}3{,}5^4 - \frac{50}{3}3{,}5^3 + \frac{170{,}63}{2}3{,}5^2 - 188{,}89 \cdot 3{,}5\right]$$

$$\theta_1(x = 3{,}5m) = \frac{-151{,}94375}{EI_z}$$

Teniendo en cuenta que la rigidez relativa (EI_z) es totalmente conocida, el resultado final será:

$$\theta_1(x = 3{,}5m) = \frac{-151{,}94375}{EI_z} = \frac{-151{,}94375 \cdot 10^3\,\text{Nm}^2}{210 \cdot 10^9\,\frac{N}{m^2} \cdot 19.270 \cdot 10^{-8}m^4} =$$

$$= -0{,}003754 \text{ rad}$$

$$\boldsymbol{\theta_B = \theta_1(x = 3,5m) = -3,754\ \text{mrad}}$$

El signo negativo en el resultado indica que tiene un sentido horario por convenio en Resistencia de Materiales, por lo tanto, la barra (1) a la izquierda de la rótula gira como se muestra en la siguiente figura:

7. CÁLCULO DEL DESPLAZAMIENTO VERTICAL EN LA RÓTULA

Finalmente, para el cálculo del descenso vertical en la rótula (Nudo B), bastará con utilizar la ecuación de deformaciones definida en el tramo AB, y sustituir la coordenada del Nudo B que se sitúa a 3,5m del empotramiento en A. Por lo que quedará de la siguiente forma:

$$y_1(x) = \frac{1}{EI_z}\left[\frac{100}{420}x^5 - \frac{25}{6}x^4 + \frac{170{,}63}{6}x^3 - \frac{188{,}89}{2}x^2\right]; 0 \le x \le 3{,}5m$$

$$y_1(x = 3{,}5m) = \frac{1}{EI_z}\left[\frac{100}{420}3{,}5^5 - \frac{25}{6}3{,}5^4 + \frac{170{,}63}{6}3{,}5^3 - \frac{188{,}89}{2}3{,}5^2\right]$$

$$y_1(x = 3{,}5m) = \frac{-437{,}8660417}{EI_z}$$

$$y_1(x = 3{,}5m) = \frac{-437{,}8660417 \cdot 10^3 Nm^3}{210 \cdot 10^9 \frac{N}{m^2} \cdot 19.270 \cdot 10^{-8} m^4} = -0{,}010823\ m$$

$$\mathbf{y_B = y_1(x = 3,5m) = -10,82\ mm}$$

El signo negativo en la deformación señala que el desplazamiento vertical se está produciendo por debajo de la línea elástica.

8. DEFORMADA ESTIMA

Finalmente, en esta sección se representa de forma gráfica la deformada estima que adquiere la estructura analizada en función del sistema de cargas externo evaluado es la siguiente.

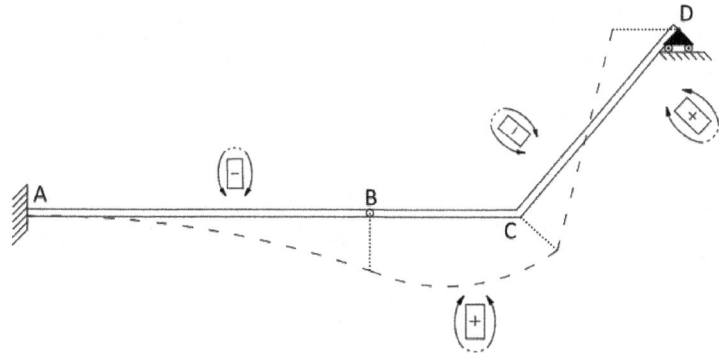

PROBLEMA 3

La siguiente estructura se encuentra formada por cuatro barras. En el Nudo B existe una rótula. La estructura se encuentra vinculada con el exterior a través de tres apoyos. Un apoyo articulado fijo en el Nudo A, un apoyo articulado móvil en el Nudo C y finalmente un apoyo articulado móvil en el Nudo F. Para el tramo AB existe una carga uniformemente distribuida de valor 65 kN/m. En el tramo CD, existe una carga triangular distribuida de valor 15 kN/m, y por último en el Nudo E se encuentra aplicado un momento puntual de 10 kNm. Todas las barras son del mismo material (Acero S450; E=210 GPa) y en el diseño se aplica un coeficiente de seguridad de Y = 1,50.

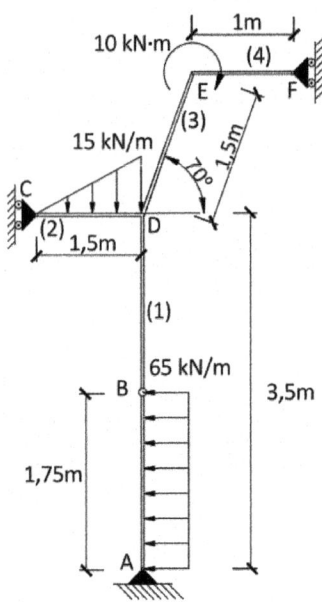

Para la estructura anterior se pide:

1. Cálculo del **Grado de Hiperestaticidad** de la estructura.
2. Cálculo de las reacciones de la estructura.
3. Cálculo de los esfuerzos internos de la estructura.
4. Representar gráficamente los diagramas de esfuerzos internos (Axiles, Cortantes y Flectores) de la estructura.
5. Dimensionar según el criterio de **Von Mises** y utilizar la serie de perfiles **IPN.**
6. Calcula el desplazamiento vertical en Nudo F. Aplicar el **Teorema de Castigliano.**
7. Calcula el giro en Nudo C. Aplicar el **Teorema de Castigliano.**
8. Representación de la deformada estima.

1. GRADO DE HIPERESTATICIDAD

El primer paso es determinar el grado hiperestático que tiene la estructura. Para ello a las incógnitas en reacciones (R), le restamos las ecuaciones de equilibrio (E) más el número de rótulas (r), este último valor indica el número de ecuaciones que disponemos. De esta forma para alcanzar un grado de hiperestático 0, permite disponer de tantas ecuaciones como incógnitas:

$$GH = R - [E + r]$$

En este caso contamos con dos apoyos articulados móviles (Nudo F y Nudo C) y un apoyo articulado fijo (Nudo A), por lo tanto, tenemos 4 reacciones. Además, la estructura incorpora una rótula en el Nudo B.

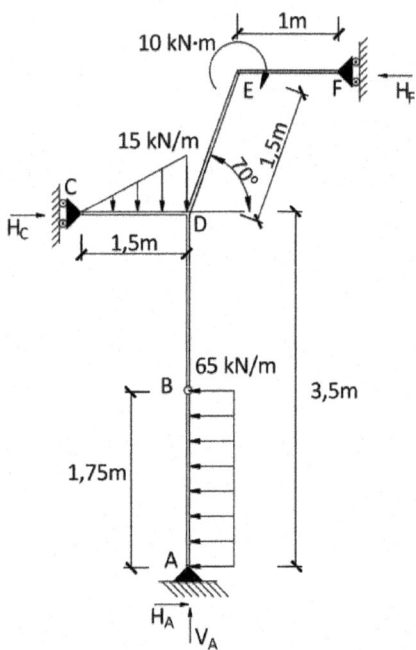

Conocido es que en el plano podemos plantear 3 ecuaciones de equilibrio, a las que podemos añadir tantas ecuaciones como rótulas dispongamos. Así, de este modo, para la estructura de la figura, el grado hiperestático es:

$$GH = 4 - [3 + 1] = 0$$

Al obtener un grado hiperestático 0 significa que es isostático, o lo que es lo mismo, con las ecuaciones de equilibrio se puede calcular las reacciones de los apoyos.

2. CALCULO DE LAS REACCIONES

En primer lugar, se aplica las ecuaciones de equilibrio, teniendo en cuenta las reacciones y el sistema de cargas aplicado:

Sumatorio de fuerzas horizontales igual a 0. En este caso el sistema de cargas aplicado a la estructura es la propia carga uniformemente distribuida.

$$\Sigma F_H = 0;$$

$$H_A + H_C - H_F - 65 \cdot 1{,}75 = 0$$

$$H_A + H_C - H_F = 113{,}75 \text{ kN (Ec. 1)}$$

Sumatorio de fuerzas verticales igual a 0. En este caso el sistema de cargas aplicado a la estructura aporta la carga triangular distribuida.

$$\Sigma F_V = 0$$

$$V_A - \frac{1}{2} \cdot 15 \cdot 1{,}5 = 0$$

$$\mathbf{V_A = 11,25 \ kN}$$

Sumatorio de momentos flectores respecto al punto A igual a 0. En este caso tomamos como positivos los momentos antihorarios (eje Z). Tanto las reacciones como el sistema de cargas se valoran aplicando su brazo de palanca desde el punto seleccionado.

$$\Sigma M_A = 0$$

$$H_F \cdot \left(3{,}5 + 1{,}5 \cdot \text{sen}(70^{\circ})\right) - H_C \cdot 3{,}5 - 10 + 65 \cdot \frac{1{,}75^2}{2} +$$

$$+ \frac{1}{2} \cdot 15 \cdot 1{,}5 \cdot \frac{1}{3} \cdot 1{,}5 = 0$$

$$H_F \cdot 4{,}9095 - H_C \cdot 3{,}5 = -95{,}15625 \text{ kNm (Ec. 2)}$$

En este caso la estructura presenta una rótula en el Nudo B, por lo tanto, podemos plantear una nueva ecuación de equilibrio, se debe cumplir en la situación de equilibrio, que el momento en ese Nudo B debe ser nulo. Podemos realizar un corte en ese punto y plantear el equilibrio al resto de la estructura por arriba o por debajo de la rótula. En este caso tomamos la subestructura de abajo como se muestra en la figura, igualando el momento a cero:

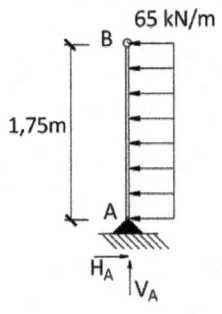

$$\Sigma M_{B \text{ Inferior}} = 0$$

$$-H_A \cdot 1,75 + 65 \cdot 1,75 \cdot \frac{1,75}{2} = 0$$

$$\mathbf{H_A = 56,875 \text{ kN}}$$

Si sustituimos H_A en la Ec.1 tenemos:

$$H_A + H_C - H_F = 113,75 \text{ kN (Ec. 1)}$$

$$H_C - H_F = 56,875 \text{ kN}$$

Y con la Ec.2, se resuelve el sistema de dos ecuaciones con dos incógnitas:

$$H_F \cdot 4,9095 - H_C \cdot 3,5 = -95,15625 \text{ kNm}$$

$$\mathbf{H_C = 130,59 \text{ kN}}$$

$$\mathbf{H_F = 73,71 \text{ kN}}$$

3. CORTES. CÁLCULO DE ESFUERZOS INTERNOS

Ahora siendo conocidos los valores de las reacciones, realizamos los cortes necesarios para analizar los esfuerzos que se producen a lo largo de toda la estructura. En este caso:

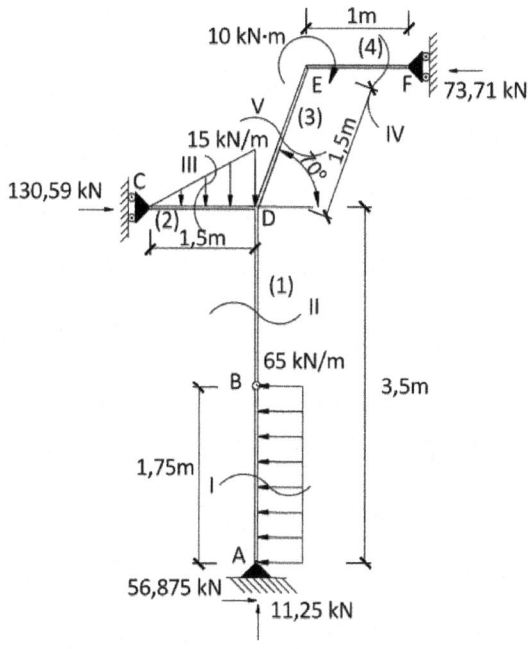

Como podemos observar en la figura realizaremos cinco cortes uno entre los nudos A-B en la barra (1) entre los nudos B-D de la barra (1), entre los nudos C-D en la barra (2), entre los nudos F-E de la barra (4), y entre los nudos E-D de la barra (3). Esto nos permitirá identificar los esfuerzos internos en función de la directriz de la barra (denominada como variable "x") y así poder obtener los resultados para cada sección de la estructura.

CORTE I	$0m \leq x \leq 1,75m$

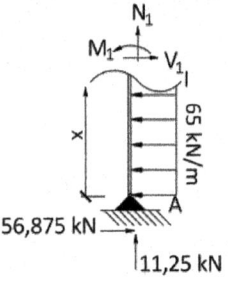

$$\Sigma F_H = 0; \ N_1 = -11,25 \text{ kN}$$

$$\Sigma F_V = 0; \ V_1 = 65x - 56,875$$

$$V_1 = 65x - 56,875 = 0 \ \rightarrow x = 0,875 \text{ m}$$

Sustitución en los límites del intervalo:

$$V_1 = -56,875 \text{ kN } (x = 0m)$$

$$V_1 = 56,875 \text{ kN } (x = 1,75m)$$

$$\Sigma M_S = 0$$

$$M_1 = 65 \cdot \frac{x^2}{2} - 56,875x$$

Sustitución en los límites del intervalo:

$$M_1 = 0 \text{ kNm } (x = 0m)$$

$$M_1 = 0 \text{ kNm } (x = 1,75m)$$

$$M_1 = -24,88 \text{ kNm } (x = 0,875m)$$

CORTE II $1,75m \leq x \leq 3,5m$

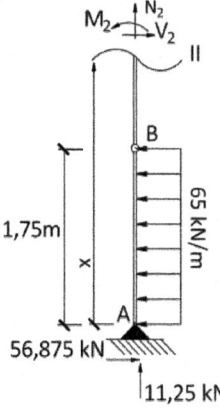

$$\Sigma F_H = 0; N_2 = -11,25 \text{ kN}$$

$$\Sigma F_V = 0 \quad V_2 = -56,875 + 65 \cdot 1,75 = 56,875 \text{ kN}$$

$$\Sigma M_S = 0$$

$$M_2 = -56,875x + 65 \cdot 1,75 \cdot \left(x - \frac{1,75}{2}\right)$$

$$M_2 = 56,875x - 99,53$$

Sustitución en los límites del intervalo:

$$M_2 = 0 \text{ kNm } (x = 1,75 \text{ m})$$

$$M_2 = 99,53 \text{ kNm } (x = 3,5m)$$

CORTE III $0m \leq x \leq 1,5m$

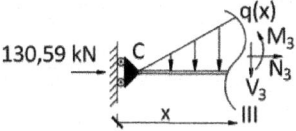

En este **Corte III**, aparece la carga triangular distribuida, por lo que deberemos primeramente obtener su ley de carga específica. Para ello se aplica semejanza de triángulos.

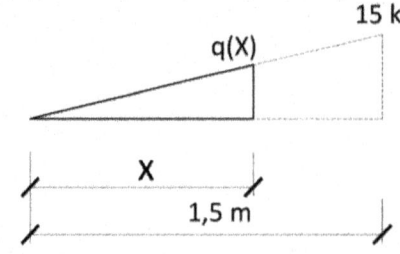

$$\frac{15 \text{ kN/m}}{1,5 \text{ m}} = \frac{q(x)}{x}$$

Por lo que la ley será:

$$q(x) = \frac{15}{1,5}x = 10x$$

$$\Sigma F_H = 0; \ N_3 = -130,59 \text{ kN}$$

$$\Sigma F_V = 0; \ V_3 = -\frac{1}{2} \cdot x \cdot 10x$$

$$V_3 = -5x^2$$

Sustitución en los límites del intervalo:

$$V_3 = 0 \text{ kN } (x = 0 \text{ m})$$

$$V_3 = -11,25 \text{ kN } (x = 1,5\text{m})$$

$$\Sigma M_S = 0; \ M_3 = -\frac{1}{2}x \cdot 10 \cdot x \cdot \frac{1}{3} \cdot x$$

$$M_3 = -\frac{10}{6}x^3$$

Sustitución en los límites del intervalo:

$$M_3 = 0 \text{ kNm } (x = 0 \text{ m})$$

$$M_3 = -5,625 \text{ kNm } (x = 1,5\text{m})$$

CORTE IV $\qquad 0m \leq x \leq 1m$

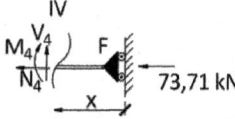

$$\Sigma F_H = 0; \ N_4 = -73,71 \text{ kN}$$

$$\Sigma F_V = 0; \ V_4 = 0 \text{ kN}$$

$$\Sigma M_S = 0; \ M_4 = 0 \text{ kNm}$$

$$CORTE\ V \qquad 0m \leq x \leq 1,5m$$

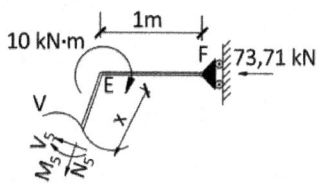

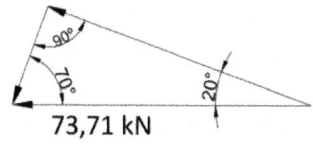

$$\Sigma F_H = 0; \ N_5 = -73,71 \cdot \cos(70^\circ) = -25,21\ kN$$

$$\Sigma F_V = 0; \ V_5 = -73,71 \cdot \text{sen}(70^\circ) = -69,26\ kN$$

$$\Sigma M_S = 0; \ M_5 = -10 + 69,26x$$

$$M_5 = -10 + 69,26x = 0 \rightarrow x = 0,144\ m$$

Sustitución en los límites del intervalo:

$$M_5 = -10\ kNm\ (x = 0m)$$

$$M_5 = 0\ kNm\ (x = 0,144m)$$

$$M_5 = 93,89\ kNm\ (x = 1,5m)$$

4. DIAGRAMAS DE ESFUERZOS

Una vez analizados los cortes, podemos representar gráficamente los diagramas de esfuerzos axiles, cortantes y momentos flectores. Se debe indicar que, para visualizar la existencia de esfuerzos en las barras, los diagramas no están escalados en función de sus valores.

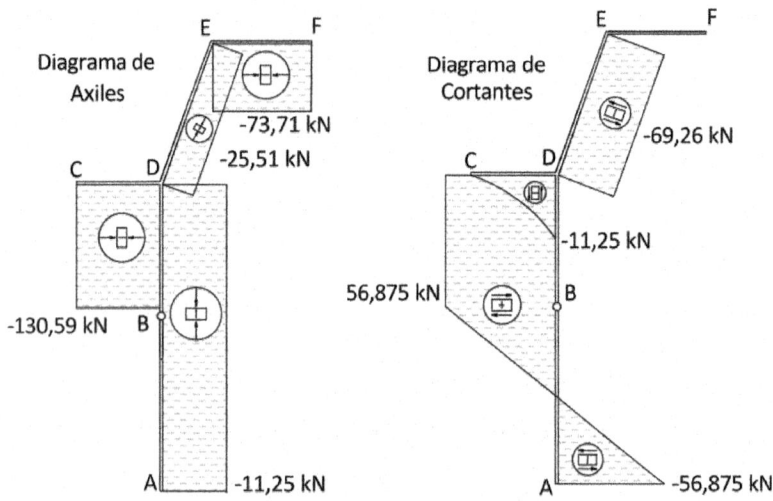

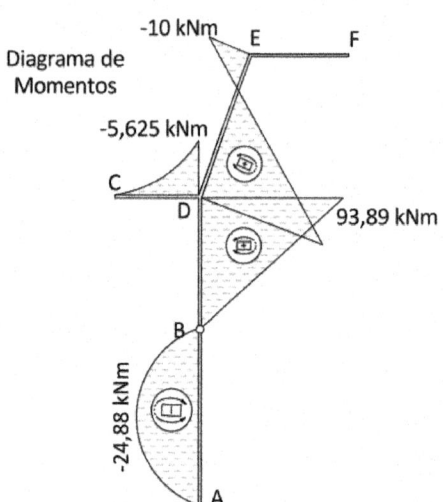

5. DISEÑO DE LAS BARRAS A RESISTENCIA

A la vista del diagrama se localiza la sección o secciones más solicitadas, es decir los puntos donde el Momento Flector, Cortante y Axil sean máximos. En este caso el Momento Flector máximo se da en la sección donde se encuentra el Nudo D de la barra (1) y su valor es: $|M_{max}| = 93,89$ kNm y donde hay un esfuerzo cortante $|V| = 56,875$ kN, y un esfuerzo axil $|N| = 11,25$ kN.

Diseño a Resistencia:

El valor de la tensión admisible será:

$$\sigma_{adm} = \frac{\sigma_{elástico}}{Y} = \frac{450 \text{ MPa}}{1,5} = 300 \text{ MPa}$$

Según la Ley de Navier y con el valor del momento flector máximo M_{max}, podemos calcular el módulo resistente de la sección:

$$W_z \geq \frac{M_{max}}{\sigma_{max}} = \frac{93,89 \text{ kNm} \cdot \frac{1000 mm}{1m} \cdot \frac{1000 N}{1 kN}}{300 \frac{N}{mm^2}} = 312.966,66 \text{ mm}^3 = 312,96 \text{ cm}^3$$

Con este valor calculado, vamos al prontuario de los perfiles y podemos seleccionar el perfil que tenga un valor mayor o igual al calculado. El primer perfil que cumple en este caso es un perfil **IPN 240**, cuyo módulo resistente tiene un valor de **W_z = 354 cm³**.

Con el valor del módulo resistente real del perfil, calcularemos la tensión normal generada por el Momento Flector, que es de:

$$\sigma_x = \frac{M_z}{W_z} = \frac{93,89 \cdot 10^6 \text{ Nmm}}{354 \cdot 10^3 \text{ mm}^3} = 265,23 \text{ MPa} < \sigma_{adm} = 300 \text{ MPa}$$

Esta tensión normal será de tracción en la zona inferior y de compresión en la zona superior. Partiendo de este perfil ya podremos comprobar cada uno de los puntos de interés para lo que utilizaremos el Criterio de Fallo de **Von Mises**.

Sección D (Barra 1)

Según el criterio de **Von Mises**, la tensión equivalente tiene que ser siempre menor que la $\sigma_{admisible}$ del material y se calculará con la siguiente expresión:

$$\sigma_{equivalente} = \sqrt{\sigma_x^2 + 3\tau_{xy}^2}$$

En la Sección D la tensión normal será la debida al esfuerzo normal y al momento flector, por lo que quedará de la siguiente forma:

$$\sigma_x = \frac{N}{A} + \frac{M_z}{W_z} = \frac{-11{,}25 \cdot 10^3\ N}{46{,}1 \cdot 10^2\ mm^2} + \frac{93{,}89 \cdot 10^6\ Nmm}{354 \cdot 10^3\ mm^3} = \mathbf{262,785\ MPa}$$

En la Sección D también tenemos esfuerzo cortante de valor V= 56,875 Kn y las tensiones cortantes producidas por ese esfuerzo se calcularán mediante la **Ley de Colignon**:

$$\tau_{xy} = \frac{V \cdot m_z}{e \cdot I_z}$$

El momento estático, el espesor y el momento de inercia del perfil los obtendremos del prontuario:

$$\tau_{xy} = \frac{V \cdot m_z}{e \cdot I_z} = \frac{56{,}875 \cdot 10^3 N \cdot 206\ cm^3 \cdot \frac{1000\ mm^3}{cm^3}}{8{,}7\ mm \cdot 4.250 \cdot 10^4\ mm^4} = \mathbf{31,68\ MPa}$$

Por lo tanto, la tensión equivalente según Von Mises es:

$$\sigma_{eq} = \sqrt{\sigma_x^2 + 3\tau_{xy}^2} = \sqrt{262{,}785^2 + 3 \cdot 31{,}68^2} =$$

$$\mathbf{268,45\ MPa < \sigma_{adm} = 300\ MPa}$$

Como $\sigma_{eq} < \sigma_{adm}$ lo que indica que el perfil (**IPN 240**) escogido cumple sin problemas. Para este ejercicio, y como se ha calculado en la barra (1) donde se localiza la sección más crítica y el perfil adecuado es el IPN 240, el resto de las barras se configuran con el mismo perfil, ya que al estar sometidas a unas solicitaciones de menor valor su resistencia queda comprobada.

6. CÁLCULO DEL DESPLAZAMIENTO VERTICAL EN EL NUDO F

El potencial interno o energía elástica interna de deformación (ϕ) que adquiere una estructura debido al sistema de cargas externas que actúa sobre el adquiere la siguiente expresión.

$$\emptyset = \int_0^l \frac{N^2}{2E\Omega}dx + \int_0^l \frac{M_y^2}{2EI_y}dx + \int_0^l \frac{M_z^2}{2EI_z}dx + \int_0^l \frac{T_y^2}{2G\Omega_{1y}}dx + \int_0^l \frac{T_z^2}{2G\Omega_{1z}}dx$$

El Teorema de Castigliano, establece que la deformación δ_i en el punto de aplicación de la carga (P_i) según la dirección de esta, se corresponde con la derivada parcial del potencial interno del sólido respecto de esta misma carga (P_i).

$$\delta_i = \frac{\partial\emptyset}{\partial P_i}$$

Por lo que, si realizamos la derivada, aplicando la regla de la cadena a la expresión del potencial interno anterior queda la siguiente expresión:

$$\delta_i = \frac{\partial\emptyset}{\partial P_i} = \int_0^l \frac{N}{E\Omega}\cdot\frac{\partial N}{\partial P_i}dx + \int_0^l \frac{M_y}{EI_y}\cdot\frac{\partial M_y}{\partial P_i}dx + \int_0^l \frac{M_z}{EI_z}\cdot\frac{\partial M_z}{\partial P_i}dx$$

$$+ \int_0^l \frac{T_y}{G\Omega_{1y}}\cdot\frac{\partial T_y}{\partial P_i}dx + \int_0^l \frac{T_z}{G\Omega_{1z}}\cdot\frac{\partial T_z}{\partial P_i}dx$$

Sobre esta expresión anterior, se debe indicar que por norma general los términos de energía potencial debido al esfuerzo cortante (T_y, T_z) y el término debido al esfuerzo axial (N) pueden ser despreciables debido a su poca o nula influencia en el cómputo general de la expresión del potencial interno. Por lo que únicamente se suele trabajar con los resultados debido a la flexión (M_z, M_y). Además, en este libro se trabajan con estructuras en el plano, por lo que se lo ocurre flexión en un único plano (generalmente el Eje "**Z**"), quedando finalmente la siguiente expresión a utilizar:

$$\delta_i = \frac{\partial \emptyset}{\partial P_i} = \int_0^1 \frac{M_z}{EI_z} \cdot \frac{\partial M_z}{\partial P_i} \, dx$$

Para ello primeramente se debe introducir una carga ficticia denominada **P**, en la dirección vertical del Nudo F, lugar donde solicita el enunciado calcular la deformación. Como se aprecia en la expresión del cálculo de la deformación se debe conocer las leyes de momentos. Para ello se procede a aplicar superposición, es decir, se sumarán las leyes de momentos que se han obtenido en la **Sección 3. Cortes. Cálculo de Esfuerzos Internos**, y posteriormente se sumarán las leyes de momentos que se genera en la estructura, pero en función de la carga ficticia P, como se muestra en la siguiente figura.

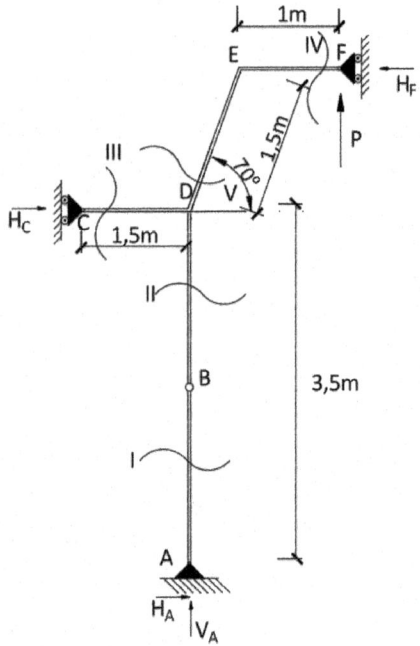

Para ello se procede como siempre al cálculo de las reacciones de los apoyos.

$$\Sigma F_H = 0$$

$$H_A + H_C - H_F = 0 \rightarrow H_C = H_F \,(\text{Ec. 1})$$

$$\Sigma F_V = 0$$

$$\mathbf{V_A = -P}$$

$$\Sigma M_A = 0$$

$$P \cdot (1 + 1,5 \cos(70^\circ)) + H_F \cdot (1,5 \cdot \operatorname{sen}(70^\circ) + 3,5) - H_C \cdot 3,5 = 0$$

$$1,513 \cdot P + 4,9095 \cdot H_F - H_C \cdot 3,5 = 0 \ (\text{Ec. 2})$$

$$\Sigma M_{B \text{ Inferior}} = 0$$

$$H_A \cdot 3,5 = 0 \rightarrow H_A = 0$$

Sustituimos H_C en la Ec.2 y obtenemos las reacciones.

$$\mathbf{H_F = -1,073P; \ H_C = -1,073P}$$

Finalmente, conocidas las reacciones procedemos a realizar los respectivos cortes y el cálculo de sus leyes de momentos, como se muestra a continuación:

CORTE I $\quad 0m \leq x \leq 1,75m$

$\Sigma M_S = 0; \ M_1 = 0$

CORTE II $\quad 1,75m \leq x \leq 3,5m$

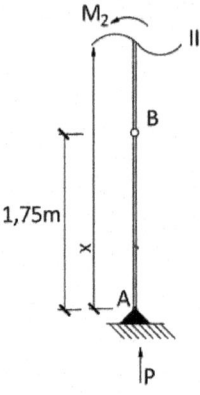

$$\Sigma M_S = 0; \ M_2 = 0$$

CORTE III $\quad 0m \leq x \leq 1,5m$

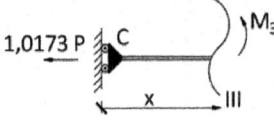

$$\Sigma M_S = 0; \ M_3 = 0$$

CORTE IV $\quad 0m \leq x \leq 1m$

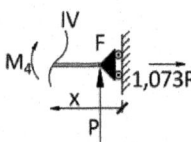

$$\Sigma M_S = 0; \ M_4 = Px$$

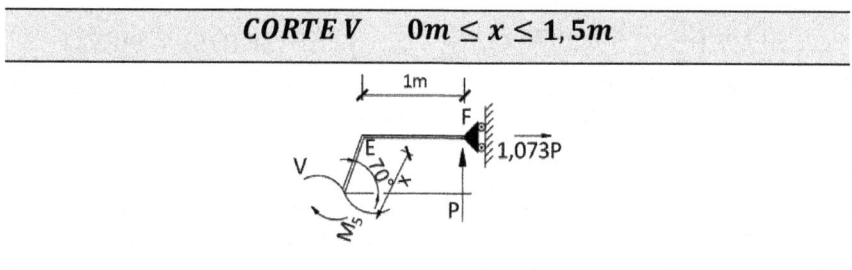

CORTE V　　$0m \leq x \leq 1,5m$

$$\Sigma M_S = 0; \ M_5 = -1,073 P x \, sen(70º) + P(1 + x\cos(70º))$$

$$M_5 = P - 0,658 P x$$

En la siguiente tabla se recogen para cada intervalo las leyes de momentos generados por el sistema de cargas externas y por las leyes de momentos que genera la carga puntual P, así como la ley de momentos resultantes.

Intervalo del Corte	Leyes de Momentos Reales	Leyes de Momentos Carga P	Leyes de Momentos Totales
0m≤ x ≤1,75m	$\frac{65}{2}x^2 - 56,875x$	0	$\frac{65}{2}x^2 - 56,875x$
1,75m≤ x ≤3,5m	$56,875x - 99,531$	0	$56,875x - 99,531$
0m≤ x ≤1,5m	$-\frac{10}{6}x^3$	0	$-\frac{10}{6}x^3$
0m≤ x ≤1m	0	Px	Px
0m≤ x ≤1,5m	$-10 + 69,26x$	$P - 0,658Px$	$-10 + 69,26x$ $+P - 0,658Px$

Aplicándose la expresión para la obtención de la deformación en el Nudo F planteado quedará de la forma:

$$\delta_i = \frac{\partial \emptyset}{\partial P_i} = \int_0^l \frac{M_z}{EI_z} \cdot \frac{\partial M_z}{\partial P_i} dx$$

$$(\delta_V)_F = \int_{0m}^{1,75m} \frac{\left(\frac{65}{2}x^2 - 56,875x\right)}{EI_z} \cdot (0)dx + \int_{1,75m}^{3,5m} \frac{(56,875x - 99,53)}{EI_z} \cdot (0)dx +$$

$$+ \int_{0m}^{1,5m} \frac{\left(-\frac{10}{6}x^3\right)}{EI_z} \cdot (0)dx + \int_{0m}^{1m} \frac{(Px)}{EI_z} \cdot (P)dx +$$

$$+ \int_{0m}^{1,5m} \frac{(-10 + 69,26x + P - 0,658Px)}{EI_z} \cdot (-0,658x + 1)dx$$

Sobre esta expresión anterior habrá que identificar que la carga P es ficticia por lo tanto su valor es nulo, quedando finalmente la siguiente expresión:

$$(\delta_V)_F = \int_0^{1,5m} \frac{(-10 + 69,26x)}{EI_z} \cdot (-0,658x + 1)dx$$

$$(\delta_V)_F = \frac{19,050285}{EI_z} = \frac{19,050285 \cdot 10^3 \text{Nm}^3}{210 \cdot 10^9 \frac{N}{m^2} \cdot 4.250 \cdot 10^{-8}m^4} = 0,00213 \text{ m}$$

$$(\delta_V)_F = \mathbf{2,13 \text{ mm}}$$

Al resultar un desplazamiento positivo, indica que la dirección inicialmente planteada de la carga puntual P es correcta.

7. CÁLCULO DEL GIRO EN EL NUDO C

Para el caso en que se quiere calcular el giro del Nudo C siguiendo con la aplicación del Teorema de Castigliano, se procede de la misma forma que se ha realizado en la sección anterior, pero sustituyendo la carga P, por un momento ficticio puntual M en el Nudo C, como se muestra en la siguiente figura.

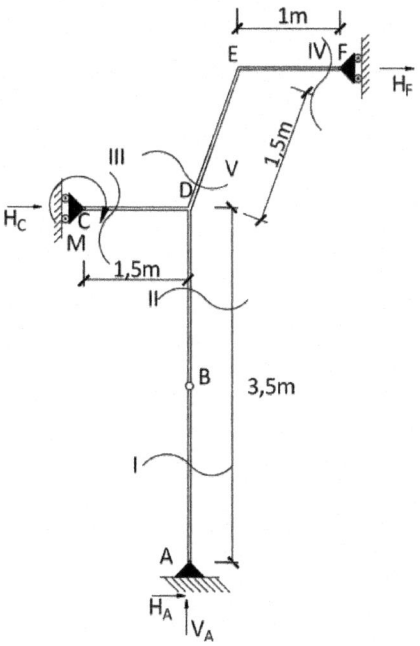

Para ello se procede como siempre al cálculo de las reacciones de los apoyos.

$$\Sigma F_H = 0$$

$$H_A + H_C - H_F = 0 \rightarrow H_C = H_F \text{ (Ec. 1)}$$

$$\Sigma F_v = 0$$

$$\mathbf{V_A = 0}$$

$$\Sigma M_A = 0$$

$$-M + H_F \cdot (1{,}5 \cdot sen(70^\circ) + 3{,}5) - H_C \cdot 3{,}5 = 0$$

$$-M + 4{,}9095 H_F - 3{,}5 H_C = 0 \text{ (Ec. 2)}$$

$$\Sigma M_{B\text{ Inferior}} = 0$$

$$H_A \cdot 3{,}5 = 0 \rightarrow H_A = 0$$

Sustituimos H_C en la Ec.2 y obtenemos las reacciones.

$$\mathbf{H_F = 0{,}7094M; \quad H_C = 0{,}7094M}$$

Finalmente, conocidas las reacciones procedemos a realizar los respectivos cortes y el cálculo de sus leyes de momentos, como se muestra a continuación:

CORTE I $0m \leq x \leq 1,75m$

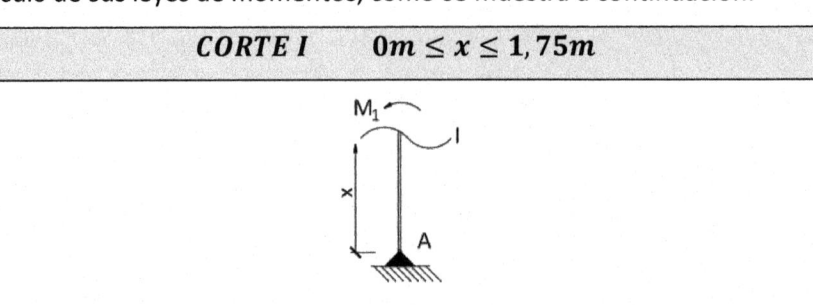

$$\Sigma M_S = 0; \ M_1 = 0$$

CORTE II $1,75m \leq x \leq 3,5m$

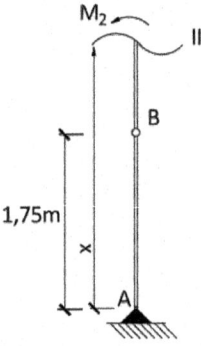

$$\Sigma M_S = 0; \ M_2 = 0$$

CORTE III $0m \leq x \leq 1,5m$

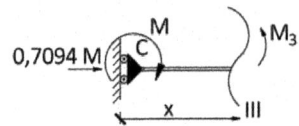

$$\Sigma M_S = 0; \ M_3 = M$$

CORTE IV $0m \leq x \leq 1m$

$\Sigma M_S = 0;\ M_4 = 0$

CORTE V $0m \leq x \leq 1,5m$

$\Sigma M_S = 0;\ M_5 = 0{,}7094M\,\mathrm{sen}(70º)x$ $$M_5 = 0{,}666x$$

En la siguiente tabla se recogen para cada intervalo las leyes de momentos generados por el sistema de cargas externas y por las leyes de momentos que genera el momento puntual M, así como la ley de momentos resultantes.

Intervalo del Corte	Leyes de Momentos Reales	Leyes de Momentos Momento Puntual M	Leyes de Momentos Totales
$0m \leq x \leq 1{,}75m$	$\dfrac{65}{2}x^2 - 56{,}875x$	0	$\dfrac{65}{2}x^2 - 56{,}875x$
$1{,}75m \leq x \leq 3{,}5m$	$56{,}875x - 99{,}531$	0	$56{,}875x - 99{,}531$
$0m \leq x \leq 1{,}5m$	$-\dfrac{10}{6}x^3$	M	$-\dfrac{10}{6}x^3 + M$

$0m \leq x \leq 1m$	0	0	0
$0m \leq x \leq 1,5m$	$-10 + 69,26x$	$-0,666Mx$	$-10 + 69,26$ $- 0,666Mx$

En este caso, la formulación del Teorema de Castigliano para el cálculo del giro únicamente hay que tener en cuenta que la derivada de la ley de momentos resultará ser con respecto al momento ficticio aplicado, como se muestra en la siguiente expresión:

$$\theta_i = \frac{\partial \emptyset}{\partial M_i} = \int_0^l \frac{M_z}{EI_z} \cdot \frac{\partial M_z}{\partial M_i} dx$$

$$\theta_C = \int_{0m}^{1,75m} \frac{\left(\frac{65}{2}x^2 - 56,875x\right)}{EI_z} \cdot (0)dx + \int_{1,75m}^{3,5m} \frac{(56,875x - 99,53)}{EI_z} \cdot (0)dx +$$

$$+ \int_{0m}^{1,5m} \frac{\left(-\frac{10}{6}x^3 + M\right)}{EI_z} \cdot (1)dx + \int_{0m}^{1m} \frac{(0)}{EI_z} \cdot (0)dx +$$

$$+ \int_{0m}^{1,5m} \frac{(-10 + 69,26x - 0,666Mx)}{EI_z} \cdot (-0,666x)dx$$

Sobre esta expresión anterior habrá que identificar que el momento M es ficticio por lo tanto su valor es nulo, quedando finalmente la siguiente expresión:

$$\theta_C = \int_{0m}^{1,5m} \frac{\left(-\frac{10}{6}x^3\right)}{EI_z} \cdot (1)dx + \int_0^{1,5m} \frac{(-10 + 69,26x)}{EI_z} \cdot (-0,666x)dx$$

$$\theta_C = \frac{-46,50993}{EI_z}$$

$$\theta_C = \frac{-46{,}50993 \cdot 10^3 \, \text{Nm}^2}{210 \cdot 10^9 \, \frac{\text{N}}{\text{m}^2} \cdot 4.250 \cdot 10^{-8} \text{m}^4} = -0{,}00521 \text{rad}$$

$$\boldsymbol{\theta_C = -5,21 \text{ mrad}}$$

En este caso el signo negativo indica que el giro resulta en sentido contrario al planteado anteriormente. Es decir, inicialmente se había planteado en un sentido horario, por lo que en realidad el Nudo C gira en sentido antihorario.

8. DEFORMADA ESTIMA

Finalmente, en esta sección se representa de forma gráfica la deformada estima que adquiere la estructura analizada en función del sistema de cargas externo evaluado es la siguiente.

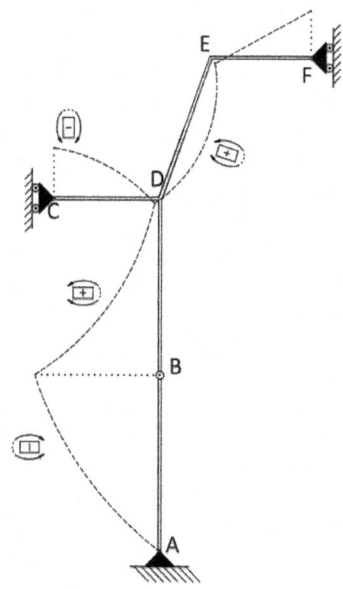

PROBLEMA 4

La siguiente estructura se encuentra formada por cuatro barras. En el Nudo B existe una rótula. La estructura se encuentra vinculada con el exterior a través de dos apoyos. Un empotramiento en el Nudo A y un apoyo articulado móvil en el Nudo E. Para el tramo AB de la barra (1) existe un momento puntual de valor 100 kNm, situado a una distancia de 0,5m del Nudo A. En el tramo CD de la barra (3) existe una carga puntual de valor 30 kN, y por último en el tramo DE de la barra (4), existe una carga distribuida parabólica cuya función es $5x^2$. Todas las barras son del mismo material (Acero S355; E=210 GPa) y en el diseño se aplica un coeficiente de seguridad de Y = 1,15.

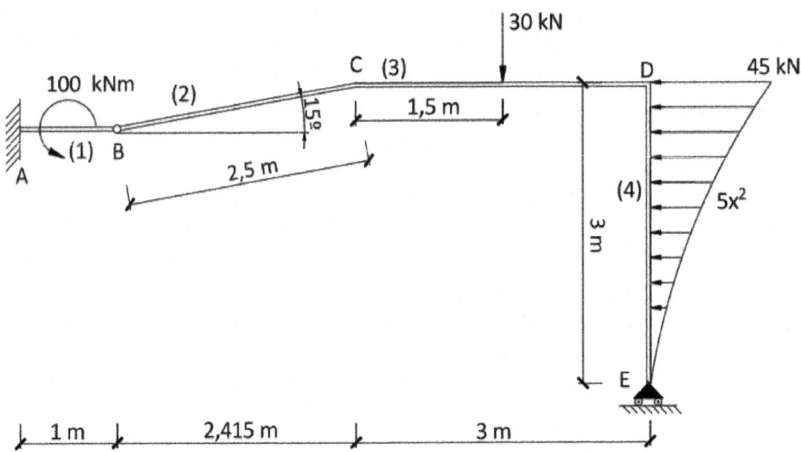

Para la estructura anterior se pide:

1. Cálculo del Grado de Hiperestaticidad de la estructura.
2. Cálculo de las reacciones de la estructura.
3. Cálculo de los esfuerzos internos de la estructura.
4. Representar gráficamente los diagramas de esfuerzos internos (Axiles, Cortantes y Flectores) de la estructura.
5. Dimensionar según el criterio de Von Mises y utilizar los perfiles metálicos de la serie HEA. Para cada barra se deberá obtener su perfil óptimo.
6. Desplazamiento horizontal en el Nudo E. Aplicar el Método de la Carga Unitaria.
7. Cálculo del giro en el Nudo C. Aplicar el Método de la Carga Unitaria.
8. Representación de la deformada estima.

1. GRADO DE HIPERESTATICIDAD

El primer paso es determinar el grado hiperestático que tiene la estructura. Para ello a las incógnitas en reacciones (R), le restamos las ecuaciones de equilibrio (E) más el número de rótulas (r), este último valor indica el número de ecuaciones que disponemos. De esta forma para alcanzar un grado de hiperestático 0, permite disponer de tantas ecuaciones como incógnitas:

$$GH = R - [E + r]$$

En este caso contamos con un apoyo articulado móvil (Nudo E) y un empotramiento (Nudo A), por lo tanto, tenemos 4 reacciones. Además, la estructura incorpora una rótula en el Nudo B.

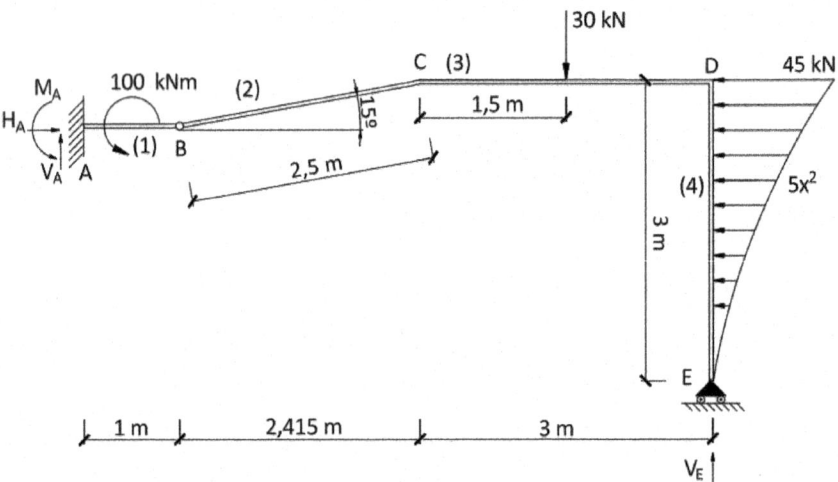

Conocido es que en el plano podemos plantear 3 ecuaciones de equilibrio, a las que podemos añadir tantas ecuaciones como rótulas dispongamos. Así, de este modo, para la estructura de la figura, el grado hiperestático es:

$$GH = 4 - [3 + 1] = 0$$

Al obtener un grado hiperestático 0 significa que es isostático, o lo que es lo mismo, con las ecuaciones de equilibrio se puede calcular las reacciones de los apoyos.

2. CALCULO DE LAS REACCIONES

En primer lugar, se aplica las ecuaciones de equilibrio, teniendo en cuenta las reacciones y el sistema de cargas aplicado:

Sumatorio de fuerzas horizontales igual a 0. En este caso el sistema de cargas aplicado a la estructura es la propia carga distribuida parabólica.

$$\Sigma F_H = 0;$$

$$H_A - \int_{0m}^{3m} 5x^2 = 0 \text{ (Ec. 1)}$$

$$H_A = \int_{0m}^{3m} 5x^2 \, dx = \left[\frac{5x^3}{3}\right]_{0m}^{3m} = 45 \text{ kN}$$

$$\mathbf{H_A = 45 \text{ kN}}$$

Sumatorio de fuerzas verticales igual a 0. En este caso el sistema de cargas aplicado a la estructura aporta la carga puntual.

$$\Sigma F_V = 0$$

$$V_A + V_E = 30 \text{ kN (Ec. 1)}$$

Sumatorio de momentos flectores respecto al punto A igual a 0. En este caso tomamos como positivos los momentos antihorarios (eje Z). Tanto las reacciones como el sistema de cargas se valoran aplicando su brazo de palanca desde el punto seleccionado.

$$\Sigma M_A = 0$$

$$M_A + 100 - 30(1 + 2{,}415 + 1{,}5) + 6{,}415V_E$$

$$-45 \cdot \left(\frac{1}{4}3 - 2{,}5 \cdot \text{sen}(15º)\right) = 0$$

$$M_A + 6{,}415V_E = 52{,}0828 \text{ kNm (Ec. 2)}$$

En este caso la estructura presenta una rótula en el Nudo B, por lo tanto, podemos plantear una nueva ecuación de equilibrio, se debe cumplir en la situación de equilibrio, que el momento en ese Nudo B debe ser nulo. Podemos realizar un corte en ese punto y plantear el equilibrio al resto de la estructura por la derecha o por la izquierda de la rótula. En este caso tomamos la subestructura de la derecha como se muestra en la figura, igualando el momento a cero:

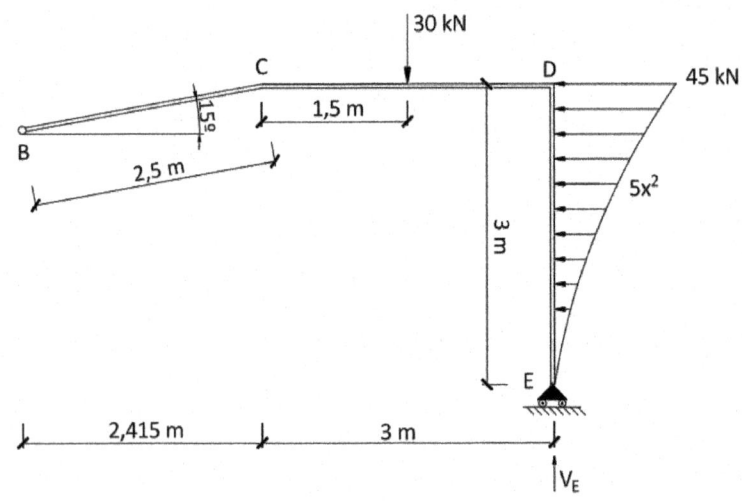

$$\Sigma M_{B\ derecha} = 0$$

$$-45 \cdot \left(\frac{1}{4} \cdot 3 - 2{,}5\,\mathrm{sen}(15^\circ)\right) - 30 \cdot (1{,}5 + 2{,}5\cos(15^\circ)) + 5{,}415 \cdot V_E = 0$$

$$V_E = 22,544\ \mathbf{kN}$$

Si sustituimos V_E en la Ec.2 tenemos:

$$M_A + 6{,}415 \cdot V_E = 52{,}0828\ \mathrm{kNm}\ (\mathrm{Ec.}\,2)$$

$$M_A = -92,54\ \mathbf{kNm}$$

Si sustituimos V_E en la Ec.1 tenemos:

$$V_A + V_E = 30\ \mathrm{kN}\ (\mathrm{Ec.}\,1)$$

$$V_A = 7,456\ \mathbf{kN}$$

3. CORTES. CÁLCULO DE ESFUERZOS INTERNOS

Ahora siendo conocidos los valores de las reacciones, realizamos los cortes necesarios para analizar los esfuerzos que se producen a lo largo de toda la estructura. En este caso:

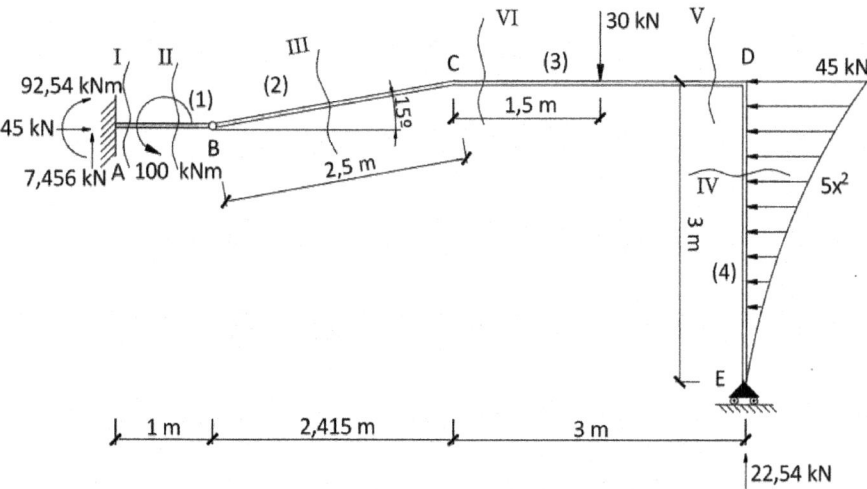

Como podemos observar en la figura realizaremos seis cortes; dos entre los nudos A-B en la barra (1), uno entre los nudos B-C de la barra (2), dos entre C-D en la barra (3), y uno entre en D-E de la barra (4). Esto nos permitirá identificar los esfuerzos internos en función de la directriz de la barra (denominada como variable "x") y así poder obtener los resultados para cada sección de la estructura.

CORTE I $0m \leq x \leq 0,5m$
$\Sigma F_H = 0;\ N_1 = -45\ \text{kN}$
$\Sigma F_V = 0;\ V_1 = 7{,}456\ \text{kN}$
$\Sigma M_S = 0$
$M_1 = 7{,}456x + 92{,}54$

Sustitución en los límites del intervalo:

$$M_1 = 92,54 \text{ kNm (x = 0m)}$$

$$M_1 = 96,268 \text{ kNm (x = 0,5m)}$$

CORTE II $\qquad 0,5m \leq x \leq 1m$

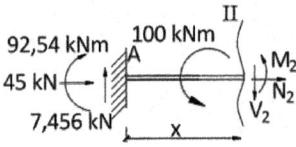

$$\Sigma F_H = 0; N_2 = -45 \text{ kN}$$

$$\Sigma F_V = 0; \ V_2 = 7,456 \text{ kN}$$

$$\Sigma M_S = 0$$

$$M_2 = 7,456x - 7,46$$

Sustitución en los límites del intervalo:

$$M_2 = -3,372 \text{ kNm (x = 0,5m)}$$

$$M_2 = 0 \text{ kNm (x = 1m)}$$

CORTE III $\qquad 0m \leq x \leq 2,5m$

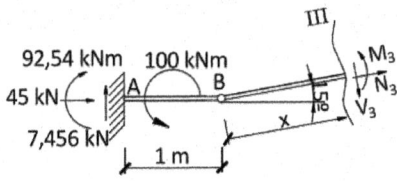

$$\Sigma F_H = 0; N_3 = -45 \cdot \cos(15^\circ) - 7,456 \cdot \cos(75^\circ) = -45,396 \text{ kN}$$

$$\Sigma F_V = 0; \ V_3 = -45 \cdot \text{sen}(15^\circ) + 7,456 \cdot \text{sen}(75^\circ) = -4,45 \text{ kN}$$

$$\Sigma M_S = 0$$

$$M_3 = -100 + 92,54 + 7,456 \cdot (1 + x\cos(15^\circ) - 45(x\text{sen}(15^\circ)))$$

$$M_3 = -4,445x$$

Sustitución en los límites del intervalo:

$$M_3 = 0 \text{ kNm } (x = 0\text{m})$$

$$M_3 = -11{,}11 \text{ kNm } (x = 2{,}5\text{m})$$

CORTE IV $0m \leq x \leq 3m$

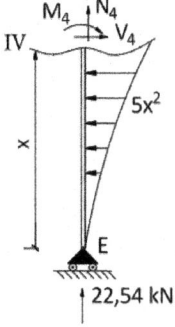

$$\Sigma F_H = 0; N_4 = -22{,}54 \text{ kN}$$

$$\Sigma F_V = 0; \ V_4 = \int_{0\text{m}}^{x} 5x^2 dx = \frac{5}{3}x^3$$

Sustitución en los límites del intervalo:

$$V_4 = 0 \text{ kN } (x = 0\text{m})$$

$$V_4 = 45 \text{ kN } (x = 3\text{m})$$

$$\Sigma M_S = 0$$

$$M_4 = -\left(\int_{0\text{m}}^{x} 5x^2 dx \right) \cdot \frac{1}{4}x = \frac{-5}{12}x^4$$

Sustitución en los límites del intervalo:

$$M_4 = 0 \text{ kNm } (x = 0\text{m})$$

$$M_4 = -33{,}75 \text{ kNm } (x = 3\text{m})$$

CORTE V $0m \leq x \leq 1,5m$

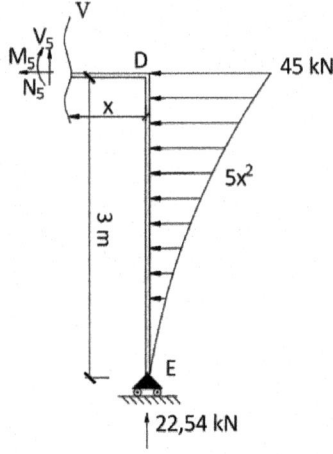

$$\Sigma F_H = 0; \ N_5 = -\int_{0m}^{3m} 5x^2 dx = -45 \text{ kN}$$

$$\Sigma F_V = 0; \ V_5 = -22,54 \text{ kN}$$

$$\Sigma M_S = 0$$

$$M_5 = -45 \cdot \frac{1}{4} \cdot 3 + 22,54x$$

Sustitución en los límites del intervalo:

$$M_5 = -33,75 \text{ kNm } (x = 0m)$$

$$M_5 = \ 0 \text{ kNm } (x = 1,5m)$$

$CORTE\ VI$	$1,5m \leq x \leq 3m$

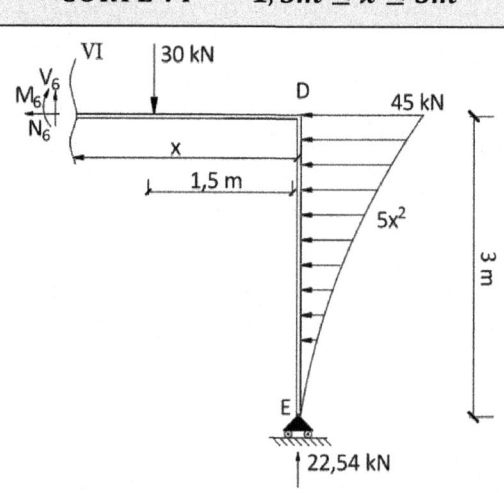

$$\Sigma F_H = 0;\ N_6 = -45\ kN$$

$$\Sigma F_V = 0;\ V_6 = 30 - 22,54 = 7,46\ kN$$

$$\Sigma M_S = 0$$

$$M_6 = -45 \cdot \frac{1}{4} \cdot 3 - 30 \cdot (x - 1,5) + 22,54x$$

$$M_6 = -7,46x + 11,25$$

Sustitución en los límites del intervalo:

$$M_6 = 0\ kNm\ (x = 1,5m)$$

$$M_6 = -11,11\ kNm\ (x = 3m)$$

4. DIAGRAMAS DE ESFUERZOS

Una vez analizados los cortes, podemos representar gráficamente los diagramas de esfuerzos Axiles, Cortantes y Momentos Flectores. Se debe indicar que, para visualizar la existencia de esfuerzos en las barras, los diagramas no están escalados en función de sus valores.

Diagrama de
Axiles

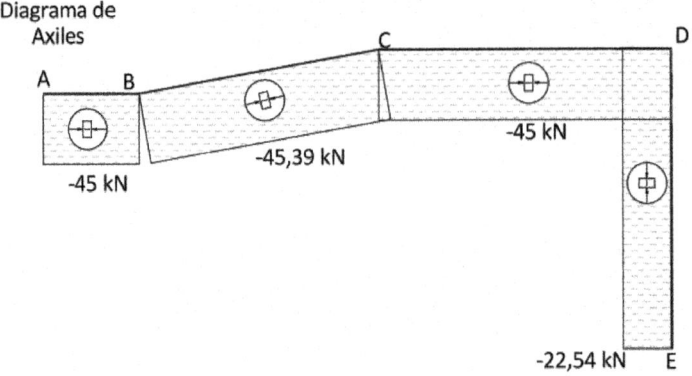

-45 kN

-45,39 kN

-45 kN

-22,54 kN

Diagrama de
Cortante

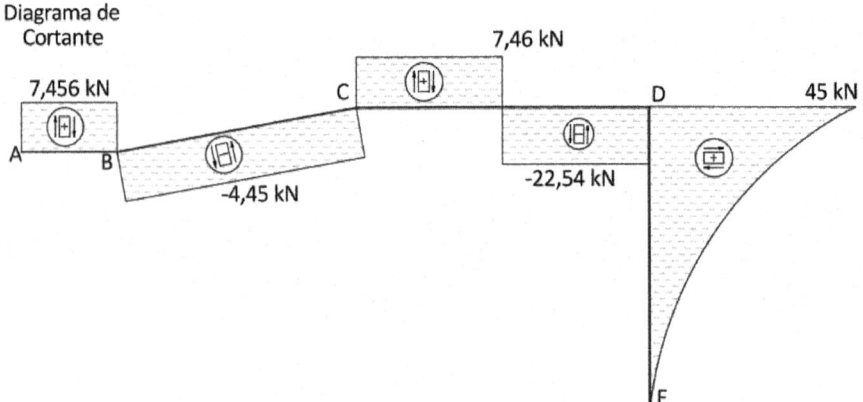

7,456 kN

7,46 kN

-4,45 kN

-22,54 kN

45 kN

Diagrama de
Momentos

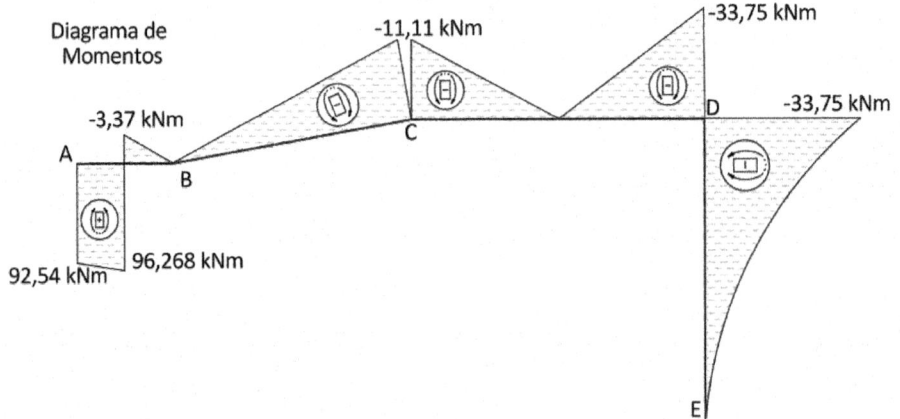

-11,11 kNm

-33,75 kNm

-3,37 kNm

-33,75 kNm

96,268 kNm

92,54 kNm

5. DISEÑO DE LAS BARRAS A RESISTENCIA

A diferencia de lo realizado en los problemas anteriores, donde se diseñaba a resistencia a partir de la barra más solicitada. En este problema, se diseñará de forma óptima la estructura. Es decir, se impondrá para cada barra su perfil estructural con el mejor aprovechamiento a resistencia, con el objetivo de no sobredimensionar la estructura y poder ahorrar en material de acero, se procede a la optimización de los perfiles estructurales.

No obstante, lo que es común a todas las barras será su tensión admisible σ_{adm} del material el cual será el siguiente:

El valor de la tensión admisible será:

$$\sigma_{adm} = \frac{\sigma_{elástico}}{Y} = \frac{355 \text{ MPa}}{1,15} = 308,69 \text{ MPa}$$

Barra (1)

Según los esfuerzos internos que se observan en los diagramas, la sección más solicitada será la sección intermedia de la barra (1). Según la Ley de Navier y con el valor del momento flector máximo M_{max}, podemos calcular el módulo resistente de la sección: $|M| = 96,268$ kNm, $|V| = 7,456$ kN, y $|N| = 45$ kN.

$$W_z \geq \frac{M_{max}}{\sigma_{max}} = \frac{96,268 \text{ kNm} \cdot \frac{1000mm}{1m} \cdot \frac{1000 \text{ N}}{1 \text{ kN}}}{308,69 \frac{N}{mm^2}} = 311.859,79 \text{ mm}^3 = 311,86 \text{ cm}^3$$

Con este valor calculado, vamos al prontuario de los perfiles y podemos seleccionar el perfil que tenga un valor mayor o igual al calculado. El primer perfil que cumple en este caso es un perfil **HEA 200**, cuyo módulo resistente tiene un valor de **$W_z = 389$ cm³**.

Con el valor del módulo resistente real del perfil, calcularemos la tensión normal generada por el Momento Flector, que es de:

$$\sigma_x = \frac{M_z}{W_z} = \frac{96,268 \cdot 10^6 \text{ Nmm}}{389 \cdot 10^3 \text{ mm}^3} = 247,47 \text{ MPa} < \sigma_{adm} = 308,69 \text{ MPa}$$

Esta tensión normal será de tracción en la zona inferior y de compresión en la zona superior. Partiendo de este perfil ya podremos comprobar cada uno de los puntos de interés para lo que utilizaremos el Criterio de Fallo de **Von Mises**.

Sección Intermedia Barra (1)

Según el criterio de **Von Mises**, la tensión equivalente tiene que ser siempre menor que la $\sigma_{admisible}$ del material y se calculará con la siguiente expresión:

$$\sigma_{equivalente} = \sqrt{\sigma_x^2 + 3\tau_{xy}^2}$$

La tensión normal será la debida al esfuerzo normal y al momento flector por lo que la tensión normal será:

$$\sigma_x = \frac{N}{A} + \frac{M_z}{W_z} = \frac{-45 \cdot 10^3 \text{ N}}{53,8 \cdot 10^2 \text{ mm}^2} + \frac{96,268 \cdot 10^6 \text{ Nmm}}{389 \cdot 10^3 \text{ mm}^3} = \mathbf{239,11\ MPa}$$

En la sección también tenemos esfuerzo cortante de valor V= 7,456 kN y las tensiones cortantes producidas por ese esfuerzo se calcularán mediante la **Ley de Colignon**:

$$\tau_{xy} = \frac{V \cdot m_z}{e \cdot I_z}$$

El momento estático, el espesor y el momento de inercia del perfil los obtendremos del prontuario:

$$\tau_{xy} = \frac{V \cdot m_z}{e \cdot I_z} = \frac{7,456 \cdot 10^3 \text{N} \cdot 215 \text{ cm}^3 \cdot \frac{1000 \text{ mm}^3}{\text{cm}^3}}{6,5 \text{ mm} \cdot 3.692 \cdot 10^4 \text{ mm}^4} = \mathbf{6,679\ MPa}$$

Por lo tanto, la tensión equivalente según Von Mises es:

$$\sigma_{eq} = \sqrt{\sigma_x^2 + 3\tau_{xy}^2} = \sqrt{239,11^2 + 3 \cdot 6,679^2} =$$

$$\mathbf{239,389\ MPa} < \sigma_{adm} = \mathbf{308,69\ MPa}$$

Como $\sigma_{eq} < \sigma_{adm}$ lo que indica que el perfil (**HEA 200**) escogido cumple sin problemas.

Barra (2)

Según los esfuerzos internos que se observan en los diagramas, la sección más solicitada será la Sección C de la barra (2). Según la Ley de Navier y con el valor del momento flector máximo M_{max}, podemos calcular el módulo resistente de la sección: $|M| = 11,11$ kNm, $|V| = 4,45$ kN, y $|N| = 45,39$ kN.

$$W_z \geq \frac{M_{max}}{\sigma_{max}} = \frac{11,11 \text{ kNm} \cdot \frac{1000mm}{1m} \cdot \frac{1000 \text{ N}}{1 \text{ kN}}}{308,69 \frac{N}{mm^2}} = 35.990,78 \text{ mm}^3 = 35,99 \text{ cm}^3$$

Con este valor calculado, vamos al prontuario de los perfiles y podemos seleccionar el perfil que tenga un valor mayor o igual al calculado. El primer perfil que cumple en este caso es un perfil **HEA 100**, cuyo módulo resistente tiene un valor de **W_z = 73 cm³**.

Con el valor del módulo resistente real del perfil, calcularemos la tensión normal generada por el Momento Flector en valor absoluto es de:

$$|\sigma_x| = \frac{M_z}{W_z} = \frac{11,11 \cdot 10^6 \text{ Nmm}}{73 \cdot 10^3 \text{ mm}^3} = 152,19 \text{ MPa} < \sigma_{adm} = 308,69 \text{ MPa}$$

Esta tensión normal será de tracción en la zona superior y de compresión en la zona inferior. Partiendo de este perfil ya podremos comprobar cada uno de los puntos de interés para lo que utilizaremos el Criterio de Fallo de **Von Mises**.

Sección C Barra (2)

Según el criterio de **Von Mises**, la tensión equivalente tiene que ser siempre menor que la $\sigma_{admisible}$ del material y se calculará con la siguiente expresión:

$$\sigma_{equivalente} = \sqrt{\sigma_x^2 + 3\tau_{xy}^2}$$

La tensión normal será la debida al esfuerzo normal y al momento flector, por lo que la tensión normal será:

$$\sigma_x = \frac{N}{A} + \frac{M_z}{W_z} = \frac{45,39 \cdot 10^3 \text{ N}}{21,2 \cdot 10^2 \text{ mm}^2} + \frac{-11,11 \cdot 10^6 \text{ Nmm}}{73 \cdot 10^3 \text{ mm}^3} = -130,78 \text{ MPa}$$

En la Sección C también tenemos esfuerzo cortante de valor |V|=4,45 kN y las tensiones cortantes producidas por ese esfuerzo se calcularán mediante la **Ley de Colignon:**

$$\tau_{xy} = \frac{V \cdot m_z}{e \cdot I_z}$$

El momento estático, el espesor y el momento de inercia del perfil los obtendremos del prontuario:

$$\tau_{xy} = \frac{V \cdot m_z}{e \cdot I_z} = \frac{4{,}45 \cdot 10^3 \text{N} \cdot 41{,}5 \text{ cm}^3 \cdot \frac{1000 \text{ mm}^3}{\text{cm}^3}}{5 \text{ mm} \cdot 349 \cdot 10^4 \text{ mm}^4} = 10{,}58 \text{ MPa}$$

Por lo tanto, la tensión equivalente según Von Mises es:

$$\sigma_{eq} = \sqrt{\sigma_x^2 + 3\tau_{xy}^2} = \sqrt{130{,}78^2 + 3 \cdot 10{,}58^2}$$

$$\mathbf{132{,}06 \text{ MPa} < \sigma_{adm} = 308{,}69 \text{ MPa}}$$

Como $\sigma_{eq} < \sigma_{adm}$ lo que indica que el perfil (**HEA 100**) escogido cumple sin problemas.

Barra (3)

Según los esfuerzos internos que se observan en los diagramas, la sección más solicitada será la Sección D de la barra (3). Según la Ley de Navier y con el valor del momento flector máximo M_{max}, podemos calcular el módulo resistente de la sección: |M|= 33,75 kNm, |V|=22,54 kN, y |N|= 45 kN.

$$W_z \geq \frac{M_{max}}{\sigma_{max}} = \frac{33{,}75 \text{ kNm} \cdot \frac{1000 \text{mm}}{1\text{m}} \cdot \frac{1000 \text{ N}}{1 \text{ kN}}}{308{,}69 \frac{\text{N}}{\text{mm}^2}} = 109.332{,}98 \text{ mm}^3 = 109{,}33 \text{cm}^3$$

Con este valor calculado, vamos al prontuario de los perfiles y podemos seleccionar el perfil que tenga un valor mayor o igual al calculado. El primer perfil que cumple en este caso es un perfil **HEA 140**, cuyo módulo resistente tiene un valor de **W$_z$ = 155 cm³**.

Con el valor del módulo resistente real del perfil, calcularemos la tensión normal generada por el Momento Flector en valor absoluto es de:

$$\sigma_x = \frac{M_z}{W_z} = \frac{33,75 \cdot 10^6 \text{ Nmm}}{155 \cdot 10^3 \text{ mm}^3} = 217,74 \text{ MPa} < \sigma_{adm} = 308,69 \text{ MPa}$$

Esta tensión normal será de tracción en la zona superior y de compresión en la zona inferior. Partiendo de este perfil ya podremos comprobar cada uno de los puntos de interés para lo que utilizaremos el Criterio de Fallo de **Von Mises**.

Sección D Barra (3)

Según el criterio de **Von Mises**, la tensión equivalente tiene que ser siempre menor que la $\sigma_{admisible}$ del material y se calculará con la siguiente expresión:

$$\sigma_{equivalente} = \sqrt{\sigma_x^2 + 3\tau_{xy}^2}$$

La tensión normal será la debida al esfuerzo normal y al momento flector, por lo que la tensión normal será:

$$\sigma_x = \frac{N}{A} + \frac{M_z}{W_z} = \frac{-45 \cdot 10^3 \text{ N}}{31,4 \cdot 10^2 \text{ mm}^2} + \frac{-33,75 \cdot 10^6 \text{ Nmm}}{155 \cdot 10^3 \text{ mm}^3} = -232,07 \text{ MPa}$$

En la sección también tenemos esfuerzo cortante de valor |V|=22,54 kN y las tensiones cortantes producidas por ese esfuerzo se calcularán mediante la **Ley de Colignon**:

$$\tau_{xy} = \frac{V \cdot m_z}{e \cdot I_z}$$

El momento estático, el espesor y el momento de inercia del perfil los obtendremos del prontuario:

$$\tau_{xy} = \frac{V \cdot m_z}{e \cdot I_z} = \frac{22,54 \cdot 10^3 \text{N} \cdot 86,7 \text{ cm}^3 \cdot \frac{1000 \text{ mm}^3}{\text{cm}^3}}{5,5 \text{ mm} \cdot 1.033 \cdot 10^4 \text{ mm}^4} = 34,396 \text{ MPa}$$

Por lo tanto, la tensión equivalente según Von Mises es:

$$\sigma_{eq} = \sqrt{\sigma_x^2 + 3\tau_{xy}^2} = \sqrt{232{,}07^2 + 3 \cdot 34{,}396^2}$$

$$\mathbf{239{,}59\ MPa} < \sigma_{adm} = \mathbf{308{,}69\ MPa}$$

Como $\sigma_{eq} < \sigma_{adm}$ lo que indica que el perfil (**HEA 140**) escogido cumple sin problemas.

Barra (4)

Según los esfuerzos internos que se observan en los diagramas, la sección más solicitada será la Sección D de la barra (4). Según la Ley de Navier y con el valor del momento flector máximo M_{max}, podemos calcular el módulo resistente de la sección: $|M| = 33{,}75$ kNm, $|V| = 45$ kN, y $|N| = 22{,}54$ kN.

$$W_z \geq \frac{M_{max}}{\sigma_{max}} = \frac{33{,}75\ kNm \cdot \frac{1000mm}{1m} \cdot \frac{1000\ N}{1\ kN}}{308{,}69\ \frac{N}{mm^2}} = 109.332{,}98\ mm^3 = 109{,}33 cm^3$$

Con este valor calculado, vamos al prontuario de los perfiles y podemos seleccionar el perfil que tenga un valor mayor o igual al calculado. El primer perfil que cumple en este caso es un perfil **HEA 140**, cuyo módulo resistente tiene un valor de **W_z = 155 cm³**.

Con el valor del módulo resistente real del perfil, calcularemos la tensión normal generada por el Momento Flector, que es de:

$$\sigma_x = \frac{M_z}{W_z} = \frac{33{,}75 \cdot 10^6\ Nmm}{155 \cdot 10^3\ mm^3} = 217{,}74\ MPa < \sigma_{adm} = 308{,}69\ MPa$$

Esta tensión normal será de tracción en la zona inferior y de compresión en la zona superior. Partiendo de este perfil ya podremos comprobar cada uno de los puntos de interés para lo que utilizaremos el Criterio de Fallo de **Von Mises**.

Sección D Barra (4)

Según el criterio de **Von Mises**, la tensión equivalente tiene que ser siempre menor que la $\sigma_{admisible}$ del material y se calculará con la siguiente expresión:

$$\sigma_{equivalente} = \sqrt{\sigma_x^2 + 3\tau_{xy}^2}$$

La tensión normal será la debida al esfuerzo normal y al momento flector, por lo que la tensión normal tendrá el siguiente valor:

$$\sigma_x = \frac{N}{A} + \frac{M_z}{W_z} = \frac{-22{,}54 \cdot 10^3 \, N}{31{,}4 \cdot 10^2 \, mm^2} + \frac{33{,}75 \cdot 10^6 \, Nmm}{155 \cdot 10^3 \, mm^3} = 210{,}56 \, MPa$$

En la sección también tenemos esfuerzo cortante de valor V=45 kN y las tensiones cortantes producidas por ese esfuerzo se calcularán mediante la **Ley de Colignon**:

$$\tau_{xy} = \frac{V \cdot m_z}{e \cdot I_z}$$

El momento estático, el espesor y el momento de inercia del perfil los obtendremos del prontuario:

$$\tau_{xy} = \frac{V \cdot m_z}{e \cdot I_z} = \frac{45 \cdot 10^3 N \cdot 86{,}7 \, cm^3 \cdot \frac{1000 \, mm^3}{cm^3}}{5{,}5 \, mm \cdot 1.033 \cdot 10^4 \, mm^4} = 68{,}67 \, MPa$$

Por lo tanto, la tensión equivalente según Von Mises es:

$$\sigma_{eq} = \sqrt{\sigma_x^2 + 3\tau_{xy}^2} = \sqrt{210{,}56^2 + 3 \cdot 68{,}67^2} =$$

$$\mathbf{241{,}83 \, MPa < \sigma_{adm} = 308{,}69 \, MPa}$$

Como $\sigma_{eq} < \sigma_{adm}$ lo que indica que el perfil (**HEA 140**) escogido cumple sin problemas.

6. CÁLCULO DEL DESPLAZAMIENTO HORIZONTAL DEL NUDO E

El primer paso que se debe abordar es sobre la estructura sin cargas externas, la aplicación de una carga puntual ficticia en el punto donde se quiere calcular el desplazamiento. En el caso del ejercicio, es la deformación horizontal en el Nudo E. Por lo que la configuración que adquiere la estructura será la siguiente:

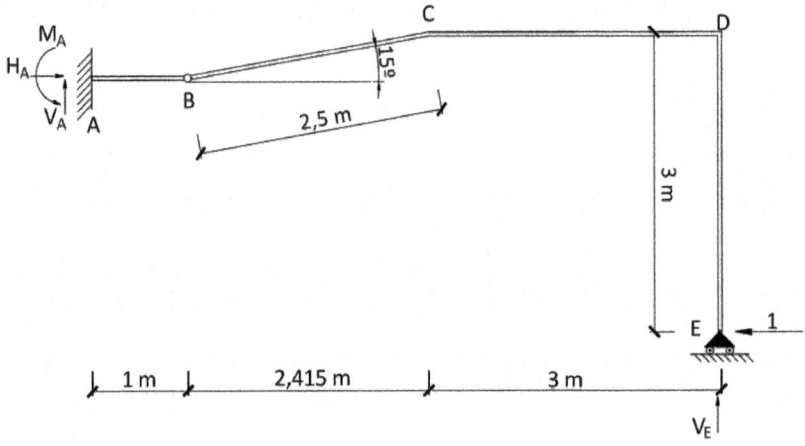

1. Cálculo de las reacciones y leyes de momentos

Para esta nueva configuración estructural y sin tener en cuenta las cargas externas, se deberá proceder a calcular las reacciones ficticias con el objetivo de definir nuevamente las leyes de momentos de la nueva configuración estructural. Por lo que el cálculo de las reacciones quedará de la forma:

Sumatorio de fuerzas horizontales igual a 0.

$$\Sigma F_H = 0 \rightarrow \mathbf{H_A = 1}$$

Sumatorio de fuerzas verticales igual a 0.

$$\Sigma F_V = 0$$

$$V_A + V_E = 0$$

$$V_A = -V_E \ (\text{Ec. 1})$$

Sumatorio de momentos flectores respecto al punto A igual a 0.

$$\Sigma M_A = 0$$

$$6{,}415 V_E - 1 \cdot \left(3 - 2{,}5 \mathrm{sen}(15^\circ)\right) + M_A = 0$$

$$6{,}415 V_E + M_A = 2{,}353 \ (\text{Ec. 2})$$

Sumatorio de momentos flectores respecto a la rótula por la izquierda igual a 0.

$$\Sigma M_{B\text{Derecha}} = 0$$

$$5{,}415 V_E = 1 \cdot \big(3 - 2{,}5 \mathrm{sen}(15^\circ)\big) \rightarrow \mathbf{V_E = 0,434}$$

Si sustituimos V_E en la Ec.2 tenemos:

$$6{,}415 V_E + M_A = 2{,}353 \quad (\text{Ec. } 2)$$

$$\mathbf{M_A = -0,431}$$

Si sustituimos V_E en la Ec.1 tenemos:

$$\mathbf{V_A = -0,434}$$

Calculadas las reacciones de la nueva configuración, se procede a realizar los cortes teniendo en cuenta la misma distribución previamente planteada. El objetivo se trata de mantener constante la distribución de la variable "x". En este caso y como se observa en la siguiente figura, el número de cortes necesarios se reduce únicamente a cuatro.

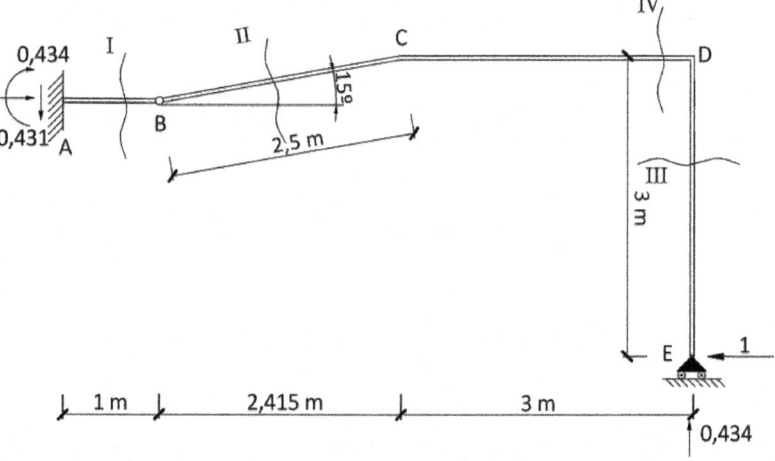

CORTE I $0m \leq x \leq 1m$

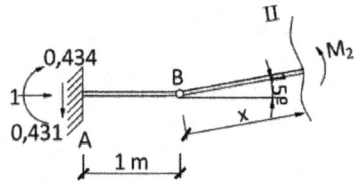

$$\Sigma M_S = 0; \ M_1 = -0,434x + 0,431$$

CORTE II $0m \leq x \leq 2,5m$

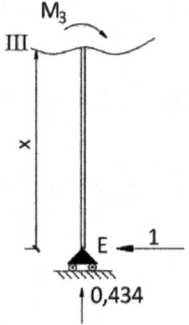

$$\Sigma M_S = 0; \ M_2 = -0,434\big(1 + x\cos(15^\circ)\big) + 0,431 - 1(x\,\text{sen}(15^\circ))$$

$$M_2 = -0,678x$$

CORTE III $0m \leq x \leq 3m$

$$\Sigma M_S = 0; \ M_3 = -x$$

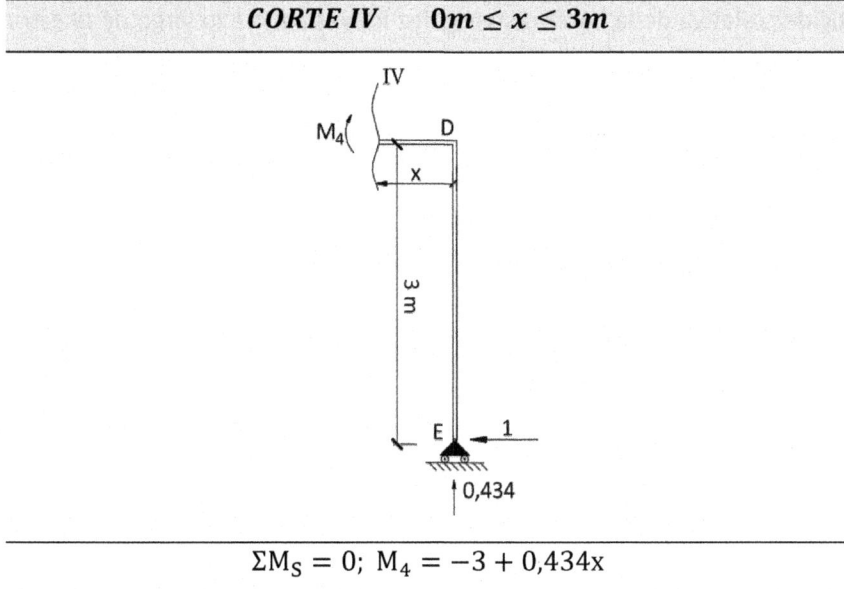

CORTE IV	**$0m \leq x \leq 3m$**

$$\Sigma M_S = 0; \quad M_4 = -3 + 0{,}434x$$

2. Aplicación del Teorema de la Carga Unitaria

Una vez que se conocen las leyes de momentos para el estado de cargas externas (estado original de cargas), y las respectivas leyes de momentos que son originadas a consecuencia de la carga puntual ficticia, se deberá aplicar la formulación que corresponde con el teorema de la carga unitaria, cuya expresión es la siguiente:

$$\delta = \sum_{i=1}^{n} \int_0^L \frac{M_0(x) \cdot M_1(x)}{EI_z} dx$$

Donde:

M_0: Se corresponden con las leyes de momentos de la estructura bajo el estado original de cargas externas.

M_1: Se corresponden con las leyes de momentos de la estructura bajo el estado de carga unitaria o ficticia.

EI_z: Rigidez relativa de la barra. Esta rigidez irá variando a lo largo de la estructura ya que como se ha visto en la sección anterior se han propuesto diferentes tipos de perfiles metálicos, por lo tanto, se corresponderán diferentes valores de inercias.

- **Desplazamiento horizontal Nudo E**

La deformación horizontal en el Nudo E quedará de la forma:

$$\delta = \sum_{i=1}^{n} \int_0^L \frac{M_0(x) \cdot M_1(x)}{EI_z} \, dx$$

$$(\delta_H)_E = \int_{0m}^{0,5m} \frac{(7,456x + 92,54) \cdot (-0,434x + 0,431)}{EI_{HEA200}} \, dx$$

$$+ \int_{0,5m}^{1m} \frac{(7,456x - 7,46) \cdot (-0,434x + 0,431)}{EI_{HEA200}} \, dx$$

$$\int_{0m}^{2,5m} \frac{(-4,445x) \cdot (-0,678x)}{EI_{HEA100}} \, dx + \int_{0m}^{3m} \frac{\left(\frac{-5}{12}x^4\right) \cdot (-x)}{EI_{HEA140}} \, dx$$

$$+ \int_{0m}^{1,5m} \frac{(-33,75 + 22,54x) \cdot (-3 + 0,434x)}{EI_{HEA140}} \, dx$$

$$+ \int_{1,5m}^{3m} \frac{[-33,75 - 30(x - 1,5) + 22,54x] \cdot (-3 + 0,434x)}{EI_{HEA140}} \, dx$$

$$(\delta_H)_E = \frac{15,0566933}{EI_{HEA200}} + \frac{15,69640625}{EI_{HEA100}} + \frac{136,84374}{EI_{HEA140}}$$

$$(\delta_H)_E = \frac{15,056693 \cdot 10^3 \, Nm^3}{210 \cdot 10^9 \, \frac{N}{m^2} \cdot 3.692 \cdot 10^{-8} m^4} + \frac{15,69640625 \cdot 10^3 \, Nm^3}{210 \cdot 10^9 \, \frac{N}{m^2} \cdot 349 \cdot 10^{-8} m^4} +$$

$$+ \frac{136{,}84374 \cdot 10^3 \, \text{Nm}^3}{210 \cdot 10^9 \, \frac{\text{N}}{\text{m}^2} \cdot 1.033 \cdot 10^{-8} \text{m}^4} = 0{,}08644 \text{ m}$$

$$(\delta_H)_E = \mathbf{86{,}44 \text{ mm}}$$

Hay que destacar que el resultado es positivo, lo que demuestra que la dirección planteada inicialmente para la carga unitaria es correcta.

7. CÁLCULO DEL GIRO EN EL NUDO C

Para el cálculo del giro, se sigue el mismo procedimiento que el aplicado para el cálculo del desplazamiento horizontal en el Nudo E, con la diferencia que ahora se coloca un momento puntual unitario en el Nudo C, por lo que la nueva configuración sobre la que trabajar será la siguiente:

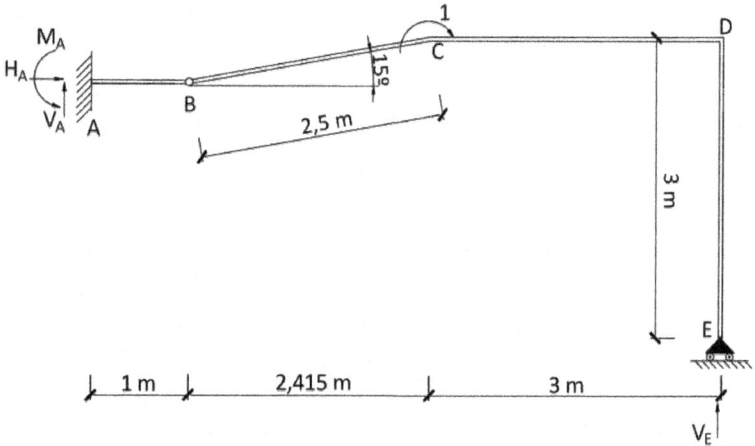

3. Cálculo de las reacciones y leyes de momentos

Para esta nueva configuración estructural y sin tener en cuenta las cargas externas, se deberá proceder a calcular las reacciones ficticias con el objetivo de definir nuevamente las leyes de momentos de la nueva configuración estructural.

Por lo que el cálculo de las reacciones quedará de la forma:

Sumatorio de fuerzas horizontales igual a 0.

$$\Sigma F_H = 0 \longrightarrow \mathbf{H_A = 0}$$

Sumatorio de fuerzas verticales igual a 0.

$$\Sigma F_V = 0$$

$$V_A + V_E = 0$$

$$V_A = -V_E \text{ (Ec. 1)}$$

Sumatorio de momentos flectores respecto al punto A igual a 0.

$$\Sigma M_A = 0$$

$$V_E \cdot 6{,}415\text{m} + M_A - 1 = 0$$

$$6{,}415 V_E + M_A = 1 \text{ (Ec. 2)}$$

Sumatorio de momentos flectores respecto a la rótula por la derecha igual a 0.

$$\Sigma M_{E\,der} = 0$$

$$V_E \cdot 5{,}415\text{m} - 1 = 0 \rightarrow \mathbf{V_E = 0,185}$$

Si sustituimos V_E en la Ec.2 tenemos:

$$6{,}415 V_E + M_A = 1 \text{ (Ec. 2)}$$

$$\mathbf{M_A = -0,187}$$

Si sustituimos V_E la Ec.1 tenemos:

$$\mathbf{V_A = -0,185}$$

Calculadas las reacciones de la nueva configuración, se procede a realizar los cortes teniendo en cuenta la misma distribución previamente planteada. El objetivo se trata de mantener constante la distribución de la variable "x". En este caso y como se observa en la siguiente figura, el número de cortes necesarios se reduce únicamente a cuatro.

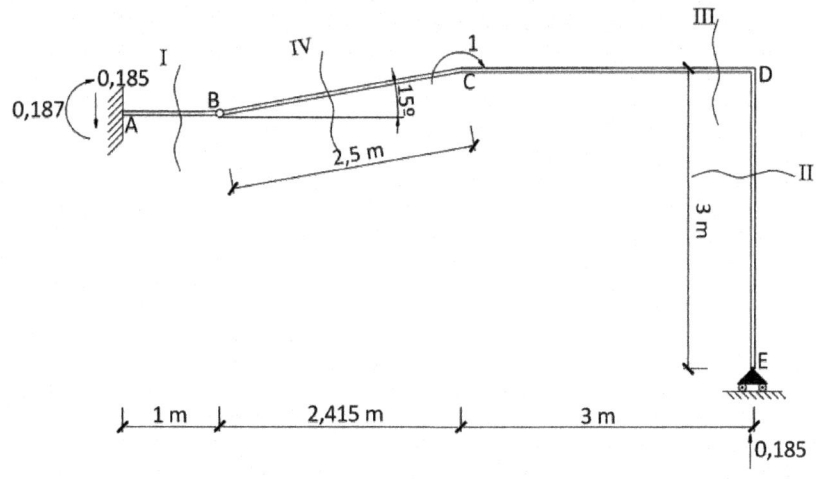

CORTE I $0m \leq x \leq 1m$

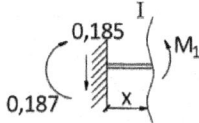

$$\Sigma M_S = 0; \ M_1 = -0{,}185x + 0{,}187$$

CORTE II $0m \leq x \leq 2,5m$

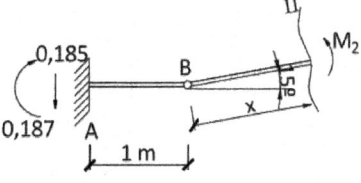

$$\Sigma M_S = 0; \ M_2 = 0{,}187 - 0{,}185 \cdot (1 + \cos(15^\circ)\, x)$$

$$M_2 = -0{,}178x$$

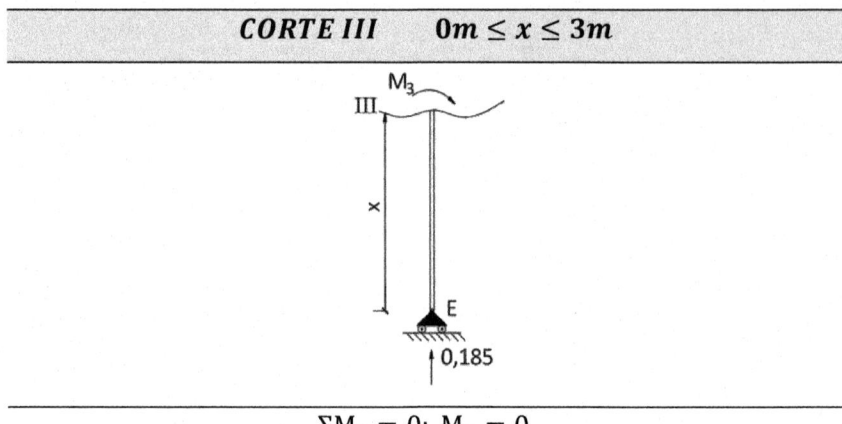

$$\Sigma M_S = 0; \ M_3 = 0$$

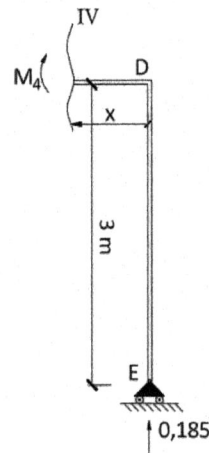

$$\Sigma M_S = 0; \ M_4 = 0{,}185x$$

4. Aplicación del Teorema de la Carga Unitaria

Una vez que se conocen las leyes de momentos para el estado de cargas externas (estado original de cargas), y las respectivas leyes de momentos que son originadas a consecuencia de la carga puntual ficticia, se deberá aplicar la formulación que corresponde con el teorema de la carga unitaria, cuya expresión es la siguiente:

$$\theta = \sum_{i=1}^{n} \int_0^L \frac{M_0(x) \cdot M_1(x)}{EI_z} dx$$

Donde:

M$_0$: Se corresponden con las leyes de momentos de la estructura bajo el estado original de cargas externas.

M$_1$: Se corresponden con las leyes de momentos de la estructura bajo el estado de carga unitaria o ficticia.

EI$_z$: Rigidez relativa de la barra. Esta rigidez irá variando a lo largo de la estructura ya que como se ha visto en la sección anterior se han propuesto diferentes tipos de perfiles metálicos, por lo tanto, se corresponderán diferentes valores de inercias.

Giro en el Nudo C

Por lo que el giro en el Nudo C quedará de la forma:

$$\theta = \sum_{i=1}^{n} \int_0^L \frac{M_0(x) \cdot M_1(x)}{EI_z} dx$$

$$\theta_C = \int_{0m}^{0,5m} \frac{(7,456x + 92,54) \cdot (-0,185x + 0,187)}{EI_{HEA200}} dx +$$

$$+ \int_{0,5m}^{1m} \frac{(7,456x - 7,46) \cdot (-0,185x + 0,187)}{EI_{HEA200}} dx +$$

$$+ \int_{0m}^{2,5m} \frac{(-4,445x) \cdot (-0,178x)}{EI_{HEA100}} dx +$$

$$+ \int_{0m}^{3m} \frac{\left(\frac{-5}{12}x^4\right) \cdot (0)}{EI_{HEA140}} dx + \int_{0m}^{1,5m} \frac{(-33,75 + 22,54x) \cdot (0,185x)}{EI_{HEA140}} dx +$$

$$+\int_{1,5m}^{3m}\frac{[-33{,}75-30(x-1{,}5)+22{,}54x]\cdot(0{,}185x)}{EI_{HEA140}}dx$$

$$\theta_C=\frac{6{,}569879333}{EI_{HEA200}}+\frac{4{,}120885417}{EI_{HEA100}}+\frac{-6{,}17715}{EI_{HEA140}}$$

$$\theta_C=\frac{6{,}569879333\cdot10^3Nm^2}{210\cdot10^9\frac{N}{m^2}\cdot3{.}692\cdot10^{-8}m^4}+\frac{4{,}120885417\cdot10^3Nm^2}{210\cdot10^9\frac{N}{m^2}\cdot349\cdot10^{-8}m^4}+$$

$$+\frac{-6{,}17715\cdot10^3Nm^2}{210\cdot10^9\frac{N}{m^2}\cdot1{.}033\cdot10^{-8}m^4}=0{,}00362\ rad$$

$$\boldsymbol{\theta_C=3{,}62\ mrad}$$

El resultado muestra que el Nudo C, sufre un giro de 3,62 mrad, pero con signo positivo. Esto indica que la dirección planteada inicialmente para el momento unitario puntual (sentido horario) es correcta.

8. DEFORMADA ESTIMA

Finalmente, en esta sección se representa de forma gráfica la deformada estima que adquiere la estructura analizada en función del sistema de cargas externo evaluado es la siguiente.

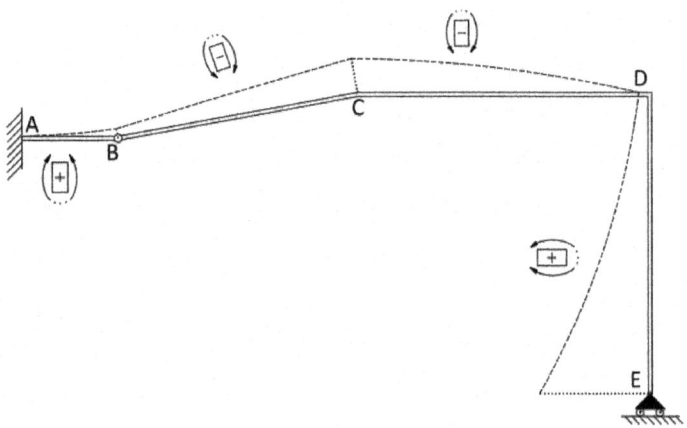

PROBLEMA 5

La siguiente estructura se encuentra formada por cuatro barras. En el Nudo F existe una rótula. La estructura se encuentra vinculada con el exterior a través de tres apoyos. Un apoyo articulado fijo en el Nudo B, y dos apoyos articulados móviles (Nudo A, Nudo E). Para el tramo AB de la barra (1) existe una carga puntual en el Nudo A de valor de 35 kN. Además, la barra (1) sufre un salto térmico de $\Delta T=+100ºC$. En el tramo BC de la barra (2) existe una carga uniformemente distribuida de 10 kN/m. A 0,5m del Nudo C en la barra (3) se encuentra aplicado un momento puntual de valor 10 kNm. Y finalmente en el tramo DE de la barra (4), existe una carga distribuida triangular de valor 25 kN/m. Todas las barras son del mismo material (Acero S275; E=210 GPa) y en el diseño se aplica un coeficiente de seguridad de $Y=1,25$. El coeficiente de dilatación de la barra (1) es $\alpha=11,5\cdot10^{-6}\ ºC^{-1}$.

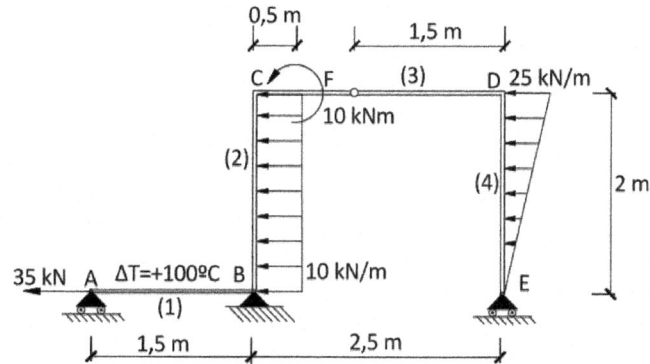

Para la estructura anterior se pide:

1. Cálculo del Grado de Hiperestaticidad de la estructura.
2. Cálculo de las reacciones de la estructura.
3. Cálculo de los esfuerzos internos de la estructura.
4. Representar gráficamente los diagramas de esfuerzos internos (Axiles, Cortantes y Momentos Flectores) de la estructura.
5. Dimensionar según el criterio de Von Mises y utilizar los perfiles metálicos IPE.
6. Cálculo del desplazamiento horizontal en el Nudo A. Aplicar el Teorema de Castigliano.
7. Cálculo del giro en el Nudo B. Aplicar los Teoremas de Mohr.
8. Representación de la deformada estima.

1. GRADO DE HIPERESTATICIDAD

El primer paso es determinar el grado hiperestático que tiene la estructura. Para ello a las incógnitas en reacciones (R), le restamos las ecuaciones de equilibrio (E) más el número de rótulas (r), este último valor indica el número de ecuaciones que disponemos. De esta forma para alcanzar un grado de hiperestático 0, permite disponer de tantas ecuaciones como incógnitas:

$$GH = R - [E + r]$$

En este caso contamos con dos apoyos articulados móviles (Nudo A, Nudo E) y un apoyo articulado fijo (Nudo B), por lo tanto, tenemos 4 reacciones. Además, la estructura incorpora una rótula en el Nudo F.

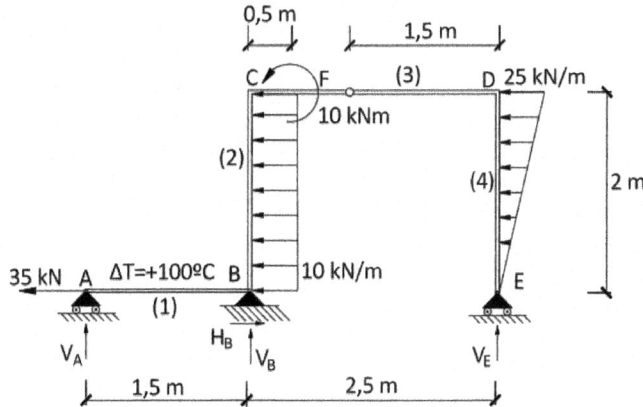

Conocido es que en el plano podemos plantear 3 ecuaciones de equilibrio, a las que podemos añadir tantas ecuaciones como rótulas dispongamos. Así, de este modo, para la estructura de la figura, el grado hiperestático es:

$$GH = 4 - [3 + 1] = 0$$

Al obtener un grado hiperestático 0 significa que es isostático, o lo que es lo mismo, con las ecuaciones de equilibrio se puede calcular las reacciones de los apoyos.

2. CALCULO DE LAS REACCIONES

En primer lugar, se aplica las ecuaciones de equilibrio, teniendo en cuenta las reacciones y el sistema de cargas aplicado:

Sumatorio de fuerzas horizontales igual a 0. En este caso el sistema de cargas aplicado a la estructura son todas las cargas horizontales.

$$\Sigma F_H = 0;$$

$$H_B - 35 - 10 \cdot 2 - \frac{1}{2} \cdot 2 \cdot 25 = 0$$

$$\mathbf{H_B = 80 \ kN}$$

Sumatorio de fuerzas verticales igual a 0. En este caso no hay sistema de cargas aplicado a la estructura.

$$\Sigma F_V = 0$$

$$V_A + V_B + V_E = 0 \ (\text{Ec. 1})$$

Sumatorio de momentos flectores respecto al punto A igual a 0. En este caso tomamos como positivos los momentos antihorarios (eje Z). Tanto las reacciones como el sistema de cargas se valoran aplicando su brazo de palanca desde el punto seleccionado.

$$\Sigma M_A = 0$$

$$V_E \cdot 4 + V_B \cdot 1,5 + 10 \cdot 2 \cdot 1 + 10 + \frac{1}{2} \cdot 2 \cdot 25 \cdot \frac{2}{3} \cdot 2 = 0$$

$$4V_E + 1,5V_B = -\frac{190}{3} \ \text{kNm} \ (\text{Ec. 2})$$

En este caso la estructura presenta una rótula en el Nudo F, por lo tanto, podemos plantear una nueva ecuación de equilibrio, se debe cumplir en la situación de equilibrio, que el momento en ese Nudo F debe ser nulo. Podemos realizar un corte en ese punto y plantear el equilibrio al resto de la estructura por la derecha o por la izquierda de la rótula. En este caso tomamos la subestructura de la derecha como se muestra en la figura, igualando el momento a cero:

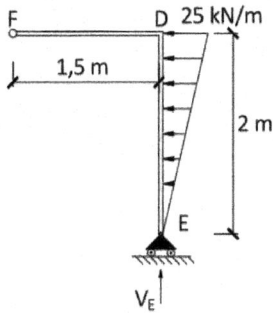

$$\Sigma M_{F\ derecha} = 0$$

$$V_E \cdot 1,5 - \frac{1}{2} \cdot 2m \cdot 25\frac{kN}{m} \cdot \frac{1}{3} \cdot 2m = 0$$

$$V_E = \mathbf{11,11\ kN}$$

Si sustituimos V_E en la Ec.2 tenemos:

$$4V_E + 1,5V_B = -\frac{190}{3}\ kNm\ (Ec.\ 2)$$

$$V_B = \mathbf{-71,85\ kN}$$

Si sustituimos V_E y V_A en la Ec.1 tenemos:

$$V_A + V_B + V_E = 0\ (Ec.\ 1)$$

$$V_A = \mathbf{60,74\ kN}$$

3. CORTES. CÁLCULO DE ESFUERZOS INTERNOS

Ahora siendo conocidos los valores de las reacciones, realizamos los cortes necesarios para analizar los esfuerzos que se producen a lo largo de toda la estructura. En este caso:

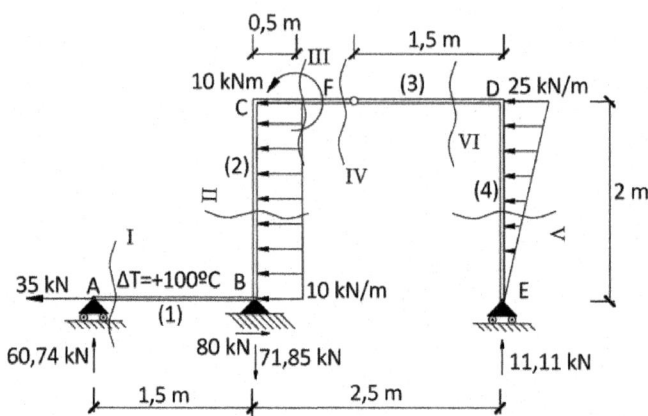

Como podemos observar en la figura realizaremos seis cortes; uno entre los nudos A-B en la barra (1); entre los nudos B-C de la barra (2), dos entre C-F y otro entre F-D en la barra (3); uno entre en E-D de la barra (4). Esto nos permitirá identificar los esfuerzos internos en función de la directriz de la barra (denominada como variable "x") y así poder obtener los resultados para cada sección de la estructura.

CORTE I $0m \leq x \leq 1,5m$

$\Sigma F_H = 0; \ N_1 = 35 \ kN$
$\Sigma F_V = 0; \ V_1 = 60,74 \ kN$
$\Sigma M_S = 0$
$M_1 = 60,74x$
Sustitución en los límites del intervalo:

$$M_1 = 0 \text{ kNm } (x = 0m)$$

$$M_1 = 91,11 \text{ kNm } (x = 1,5m)$$

CORTE II $0m \leq x \leq 2m$

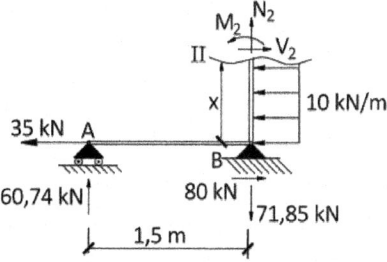

$$\Sigma F_H = 0; \ N_2 = 11,11 \text{ kN}$$

$$\Sigma F_V = 0; \ V_2 = 10x - 45 \text{ kN}$$

Sustitución en los límites del intervalo:

$$V_2 = -45 \text{ kN } (x = 0m)$$

$$V_2 = -25 \text{ kNm } (x = 2m)$$

$$\Sigma M_S = 0$$

$$M_2 = \frac{10}{2}x^2 - 45x + 91,11$$

Sustitución en los límites del intervalo:

$$M_2 = 91,11 \text{ kNm } (x = 0m)$$

$$M_2 = 21,11 \text{ kNm } (x = 2m)$$

CORTE III	$0m \leq x \leq 0,5m$

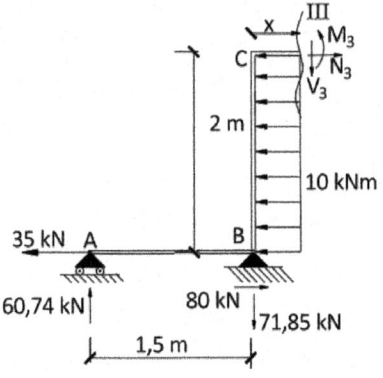

$$\Sigma F_H = 0; \ N_3 = -25 \ kN$$

$$\Sigma F_V = 0; \ V_3 = -11,11 \ kN$$

$$\Sigma M_S = 0$$

$$M_3 = 2 \cdot 10 \cdot 1 - 71,85x - 80 \cdot 2 + 60,74(x + 1,5) + 35 \cdot 2$$

$$M_3 = 21,11 - 11,11x$$

Sustitución en los límites del intervalo:

$$M_3 = 21,11 kNm \ (x = 0m)$$

$$M_3 = 15,56 \ kNm \ (x = 0,5m)$$

CORTE IV	$0,5m \leq x \leq 1m$

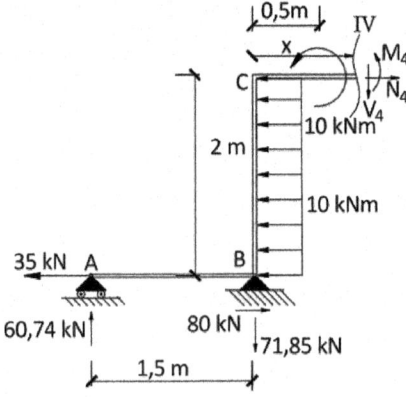

$$\Sigma F_H = 0; \ N_4 = -25 \ \text{kN}$$

$$\Sigma F_V = 0; \ V_4 = -11,11 \ \text{kN}$$

$$\Sigma M_S = 0$$

$$M_4 = 2 \cdot 10 \cdot 1 - 71,85x - 80 \cdot 2 + 60,74(x + 1,5) + 35 \cdot 2 - 10$$

$$M_4 = 11,11 - 11,11x$$

Sustitución en los límites del intervalo:

$$M_4 = 5,56\text{kNm} \ (x = 0,5\text{m})$$

$$M_4 = 0 \ \text{kNm} \ (x = 1\text{m})$$

CORTE V $0m \leq x \leq 2m$

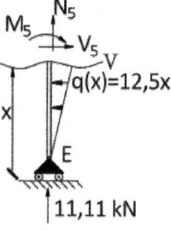

$$\Sigma F_H = 0; N_5 = -11,11 \ \text{kN}$$

$$\Sigma F_V = 0; \ V_5 = \frac{12,5}{2}x^2$$

Sustitución en los límites del intervalo:

$$V_5 = 0 \ \text{kN} \ (x = 0\text{m})$$

$$V_5 = \ 25 \ \text{kN} \ (x = 2\text{m})$$

$$\Sigma M_S = 0$$

$$M_5 = \frac{-12,5}{2}x^2 \cdot \frac{1}{3}x$$

$$M_5 = \frac{-12,5}{6}x^3$$

Sustitución en los límites del intervalo:

$$M_5 = 0 \ \text{kNm} \ (x = 0\text{m})$$

$$M_5 = \frac{-50}{3} \text{ kNm } (x = 2\text{m})$$

CORTE VI $0m \leq x \leq 1,5m$

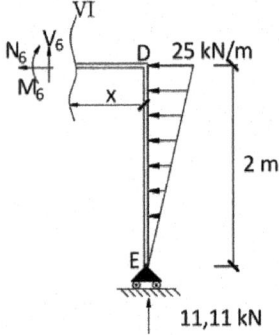

$$\Sigma F_H = 0; N_6 = -\frac{1}{2} \cdot 2 \cdot 25 = -25 \text{ kN}$$

$$\Sigma F_V = 0; \; V_6 = -11,11 \text{ kN}$$

$$\Sigma M_S = 0$$

$$M_6 = 11,11x - \frac{1}{2} \cdot 2 \cdot 25 \cdot \frac{1}{3} \cdot 2$$

$$M_6 = 11,11x - \frac{50}{3}$$

Sustitución en los límites del intervalo:

$$M_6 = \frac{-50}{3} \text{kNm } (x = 0\text{m})$$

$$M_6 = 0 \text{ kNm } (x = 1,5\text{m})$$

4. DIAGRAMAS DE ESFUERZOS

Una vez analizados los cortes, podemos representar gráficamente los diagramas de esfuerzos Axiles, Cortantes y Momentos Flectores. Se debe indicar que, para visualizar la existencia de esfuerzos en las barras, los diagramas no están escalados en función de sus valores.

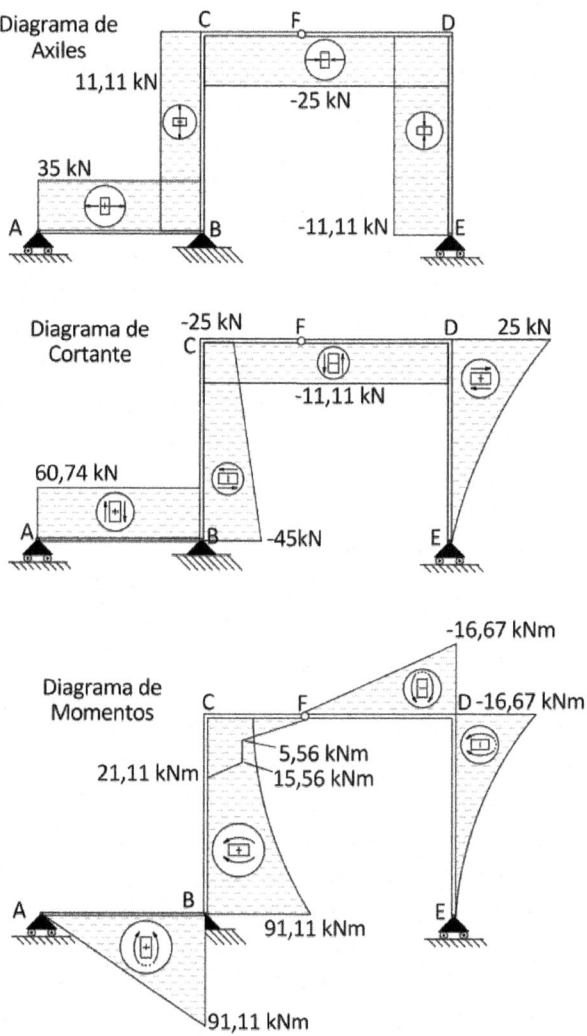

5. DISEÑO DE LAS BARRAS A RESISTENCIA

A la vista del diagrama se localiza la sección o secciones más solicitadas, es decir los puntos donde el Momento Flector, Cortante y Axil sean máximos. En este caso el Momento Flector máximo se da en la sección donde se encuentra el Nudo B de la barra (1) y su valor es: $|M_{max}|$= 91,11 kNm y donde hay un esfuerzo cortante $|V|$=60,74 kN, y un esfuerzo axil $|N|$= 35 kN.

Diseño a Resistencia:

El valor de la tensión admisible será:

$$\sigma_{adm} = \frac{\sigma_{elástico}}{Y} = \frac{275\ MPa}{1,25} = 220\ MPa$$

Según la Ley de Navier y con el valor del momento flector máximo M_{max}, podemos calcular el módulo resistente de la sección:

$$W_z \geq \frac{M_{max}}{\sigma_{max}} = \frac{91,11\ kNm \cdot \dfrac{1000mm}{1m} \cdot \dfrac{1000\ N}{1\ kN}}{220\ \dfrac{N}{mm^2}} = 414.136,366\ mm^3 = 414,13\ cm^3$$

Con este valor calculado, vamos al prontuario de los perfiles y podemos seleccionar el perfil que tenga un valor mayor o igual al calculado. El primer perfil que cumple en este caso es un perfil **IPE 270**, cuyo módulo resistente tiene un valor de **W_z = 429 cm³**.

Con el valor del módulo resistente real del perfil, calcularemos la tensión normal generada por el Momento Flector, que es de:

$$\sigma_x = \frac{M_z}{W_z} = \frac{91,11 \cdot 10^6\ Nmm}{429 \cdot 10^3\ mm^3} = 212,37\ MPa < \sigma_{adm} = 220\ MPa$$

Esta tensión normal será de tracción en la zona inferior y de compresión en la zona superior. Partiendo de este perfil ya podremos comprobar cada uno de los puntos de interés para lo que utilizaremos el Criterio de Fallo de **Von Mises**.

Sección B Barra (1)

Según el criterio de **Von Mises**, la tensión equivalente tiene que ser siempre menor que la $\sigma_{admisible}$ del material y se calculará con la siguiente expresión:

$$\sigma_{equivalente} = \sqrt{\sigma_x^2 + 3\tau_{xy}^2}$$

En la Sección B la tensión normal será la debida al esfuerzo normal y al momento flector:

$$\sigma_x = \frac{N}{A} + \frac{M_z}{W_z} = \frac{+35 \cdot 10^3 \text{ N}}{45,9 \cdot 10^2 \text{ mm}^2} + \frac{91,11 \cdot 10^6 \text{ Nmm}}{429 \cdot 10^3 \text{ mm}^3} = \textbf{220 MPa}$$

En la Sección B también tenemos esfuerzo cortante de valor V= 60,74 kN y las tensiones cortantes producidas por ese esfuerzo se calcularán mediante la **Ley de Colignon**:

$$\tau_{xy} = \frac{V \cdot m_z}{e \cdot I_z}$$

El momento estático, el espesor y el momento de inercia del perfil los obtendremos del prontuario:

$$\tau_{xy} = \frac{V \cdot m_z}{e \cdot I_z} = \frac{60,74 \cdot 10^3 \text{N} \cdot 242 \text{ cm}^3 \cdot \frac{1000 \text{ mm}^3}{\text{cm}^3}}{6,6 \text{ mm} \cdot 5.790 \cdot 10^4 \text{ mm}^4} = \textbf{38,46 MPa}$$

Por lo tanto, la tensión equivalente según Von Mises es:

$$\sigma_{eq} = \sqrt{\sigma_x^2 + 3\tau_{xy}^2} = \sqrt{220^2 + 3 \cdot 38,46^2} =$$

$$\textbf{229,86 MPa} \geq \sigma_{adm} = \textbf{220 MPa}$$

Como $\sigma_{eq} \geq \sigma_{adm}$ lo que indica que el perfil (**IPE 270**) escogido no cumple, por lo que se deberá estudiar un perfil superior en este caso un **IPE 300** y se procede a realizar nuevamente los cálculos.

$$\sigma_x = \frac{N}{A} + \frac{M_z}{W_z} = \frac{+35 \cdot 10^3 \text{ N}}{53,8 \cdot 10^2 \text{ mm}^2} + \frac{91,11 \cdot 10^6 \text{ Nmm}}{557 \cdot 10^3 \text{ mm}^3} = \textbf{170,08 MPa}$$

$$\tau_{xy} = \frac{V \cdot m_z}{e \cdot I_z} = \frac{60{,}74 \cdot 10^3 \, N \cdot 314 \, cm^3 \cdot \frac{1000 \, mm^3}{cm^3}}{7{,}1 \, mm \cdot 8.360 \cdot 10^4 \, mm^4} = \mathbf{32,13 \, MPa}$$

Por lo tanto, la tensión equivalente según Von Mises es:

$$\sigma_{eq} = \sqrt{\sigma_x^2 + 3\tau_{xy}^2} = \sqrt{170{,}08^2 + 3 \cdot 32{,}13^2} =$$

$$\mathbf{178,95 \, MPa > \sigma_{adm} = 220 \, MPa}$$

Como $\sigma_{eq} < \sigma_{adm}$ lo que indica que el perfil (**IPE 300**) escogido cumple sin problemas. Para este ejercicio, y como se ha calculado en la barra (1) donde se localiza la sección más crítica y el perfil adecuado es el IPE 300. El resto de las barras se configuran con el mismo perfil, ya que al estar sometidas a unas solicitaciones de menor valor su resistencia queda comprobada.

6. DESPLAZAMIENTO HORIZONTAL EN EL NUDO A

Para el cálculo del desplazamiento horizontal en el Nudo A se va a aplicar el Teorema de Castigliano, además en este ejercicio se tendrá en cuenta la componente axil en la estructura. Por lo que la expresión para el cálculo del desplazamiento horizontal en el Nudo A, según el Teorema de Castigliano quedará de la siguiente forma:

$$\delta_i = \frac{\partial \emptyset}{\partial P_i} = \int_0^1 \frac{N}{E\Omega} \cdot \frac{\partial N}{\partial P_i} dx + \int_0^1 \frac{M_z}{EI_z} \cdot \frac{\partial M_z}{\partial P_i} dx$$

Un aspecto que hay que tener en consideración, es que en este ejercicio ya se cuenta con una carga horizontal aplicada en el punto donde se quiere calcular el desplazamiento horizontal en el Nudo A, se trata de la carga de 35 kN. Para ello se renombrará esta carga como "P" y se deberá obtener nuevamente las leyes de esfuerzos internos (Axiles y Flectores) en función de este valor de "P". Por lo que la nueva configuración estructural quedará de la siguiente forma:

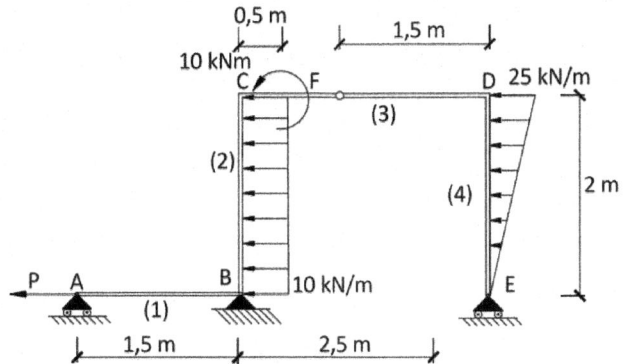

El cálculo de las reacciones vendrá impuesto por las ecuaciones de equilibrio:

Sumatorio de fuerzas horizontales igual a 0.

$$\Sigma F_H = 0$$

$$H_B - P - 10 \cdot 2 - \frac{1}{2} \cdot 2 \cdot 25 = 0$$

$$\mathbf{H_B = 45 + P}$$

Sumatorio de fuerzas verticales igual a 0.

$$\Sigma F_V = 0$$

$$V_A + V_B + V_E = 0 \ (\text{Ec. 1})$$

Sumatorio de momentos flectores respecto al punto A igual a 0.

$$\Sigma M_A = 0$$

$$V_E \cdot 4 + V_B \cdot 1,5 + 10 \cdot 2 \cdot 1 + 10 + \frac{1}{2} \cdot 2 \cdot 25 \cdot \frac{2}{3} \cdot 2 = 0$$

$$4V_E + 1,5V_B = -\frac{190}{3} \ \text{kNm (Ec. 2)}$$

Sumatorio de momentos flectores respecto al punto F por la derecha igual a 0.

$$\Sigma M_{F \, derecha} = 0$$

$$V_E \cdot 1,5 - \frac{1}{2} \cdot 2m \cdot 25 \frac{kN}{m} \cdot \frac{1}{3} \cdot 2m = 0$$

$$\mathbf{V_E = 11,11 \ kN}$$

Si sustituimos V_E en la Ec.2 tenemos:

$$4V_E + 1,5V_B = -\frac{190}{3} \text{ kNm (Ec. 2)}$$

$$V_B = -71,85 \text{ kN}$$

Si sustituimos V_E y V_A en la Ec.1 tenemos:

$$V_A + V_B + V_E = 0 \text{ (Ec. 1)}$$

$$V_A = 60,74 \text{ kN}$$

$\boldsymbol{CORTE\ I}$ $\qquad$ $\boldsymbol{0m \leq x \leq 1,5m}$

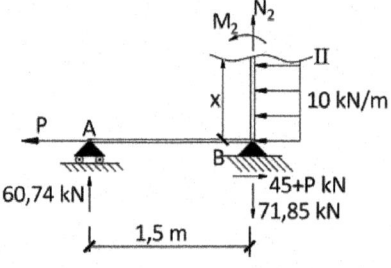

$$\Sigma F_H = 0; \ N_1 = -P$$

$$\Sigma M_S = 0; \ M_1 = 60,74x$$

$\boldsymbol{CORTE\ II}$ $\qquad$ $\boldsymbol{0m \leq x \leq 2m}$

$$\Sigma F_H = 0; N_2 = 11,11 \text{ kN}$$

$$\Sigma M_S = 0; \ M_2 = \frac{10}{2}x^2 - 45x + 91,11$$

CORTE III $0m \leq x \leq 0,5m$

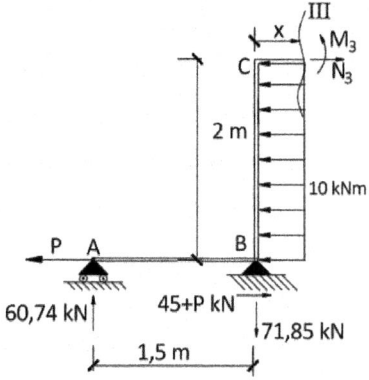

$$\Sigma F_H = 0; \ N_3 = -25 \text{ kN}$$

$$\Sigma M_S = 0$$

$$M_3 = -71{,}85x + 2 \cdot 10 \cdot 1 - 45 \cdot 2 + 60{,}74 \cdot (1{,}5 + x)$$

$$M_3 = 21{,}11 - 11{,}11x$$

CORTE IV $0,5m \leq x \leq 1m$

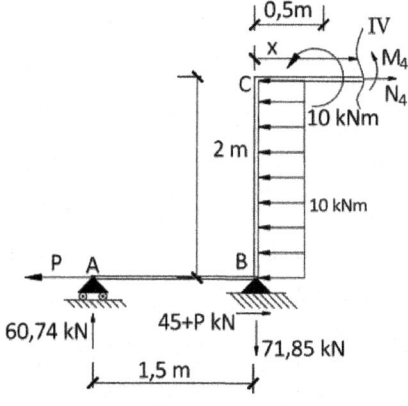

$$\Sigma F_H = 0; \ N_4 = -25 \text{ kN}$$

$$\Sigma M_S = 0$$

$$M_4 = -71{,}85x + 2 \cdot 10 \cdot 1 + 45 \cdot 2 + 60{,}74 \cdot (1{,}5 + x) - 10$$

$$M_4 = 11{,}11 - 11{,}11x$$

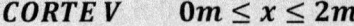

CORTE V $0m \leq x \leq 2m$

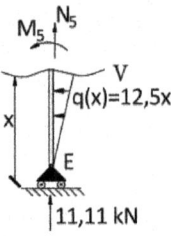

$$\Sigma F_H = 0; \ N_5 = -11{,}11 \text{ kN}$$

$$\Sigma M_S = 0; \ M_5 = \frac{-12{,}5}{2} x^2 \frac{1}{3} x = \frac{-12{,}5}{6} x^3$$

CORTE VI $0m \leq x \leq 1,5m$

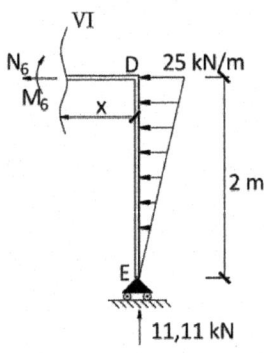

$$\Sigma F_H = 0; \ N_6 = -\frac{1}{2} \cdot 2 \cdot 25 = -25 \text{ kN}$$

$$\Sigma M_S = 0; \ M_6 = 11{,}11x - \frac{50}{3}$$

En la siguiente tabla se recogen para cada intervalo las leyes de momentos y axiles generados por el sistema de cargas externas y por las leyes de momentos y leyes de axiles que genera la carga puntual P, así como las leyes resultantes.

Intervalo del Corte	Leyes de Momentos Reales	Leyes de Momentos Carga P	Leyes de Momentos Totales
0m≤ x ≤1,5m	$60,74x$	0	$60,74x$
0m≤ x ≤2m	$\dfrac{10}{2}x^2 - 45x + 91,11$	0	$\dfrac{10}{2}x^2 - 45x + 91,11$
0m≤ x ≤1m	$21,11 - 11,11x$	0	$21,11 - 11,11x$
0m≤ x ≤2m	$\dfrac{-12,5}{6}x^3$	0	$\dfrac{-12,5}{6}x^3$
0m≤ x ≤1,5m	$11,11x - \dfrac{50}{3}$	0	$11,11x - \dfrac{50}{3}$

Intervalo del Corte	Leyes de Axiles Reales	Leyes de Axiles Carga P	Leyes de Axiles Totales
0m≤ x ≤1,5m	0	$-P$	$-P$
0m≤ x ≤2m	11,11	0	11,11
0m≤ x ≤1m	−25	0	−25
0m≤ x ≤2m	−11,11	0	−11,11
0m≤ x ≤1,5m	−25	0	−25

Aplicando el Teorema de Castigliano, quedará de la forma:

$$\delta_i = \frac{\partial \emptyset}{\partial P_i} = \int_0^l \frac{N}{E\Omega} \cdot \frac{\partial N}{\partial P_i} dx + \int_0^l \frac{M_z}{EI_z} \cdot \frac{\partial M_z}{\partial P_i} dx$$

$$(\delta_H)_A = \int_{0m}^{1,5m} \frac{(-P)}{E\Omega} \cdot (-1)dx + \int_{0m}^{1,5m} \frac{(60,74x)}{EI_z} \cdot (0)dx \; +$$

$$+ \int_{0m}^{2m} \frac{(11,11)}{E\Omega} \cdot (0)dx + \int_{0m}^{2m} \frac{\left(\frac{10}{2}x^2 - 45x + 91,11\right)}{EI_z} \cdot (0)dx +$$

$$+ \int_{0m}^{0,5m} \frac{(-25)}{E\Omega} \cdot (0)dx + \int_{0m}^{0,5m} \frac{(21,11 - 11,11x)}{EI_z} \cdot (0)dx +$$

$$+ \int_{0,5m}^{1m} \frac{(-25)}{E\Omega} \cdot (0)dx + \int_{0,5m}^{1m} \frac{(11,11 - 11,11x)}{EI_z} \cdot (0)dx +$$

$$+ \int_{0m}^{2m} \frac{(-11,11)}{E\Omega} \cdot (0)dx + \int_{0m}^{2m} \frac{\left(\frac{-12,5}{6}x^3\right)}{EI_z} \cdot (0)dx +$$

$$+ \int_{0m}^{1,5m} \frac{(-25)}{E\Omega} \cdot (0)dx + \int_{0m}^{1,5m} \frac{\left(11,11x - \frac{50}{3}\right)}{EI_z} \cdot (0)dx =$$

$$(\delta_H)_A = \left[\frac{P}{E\Omega}x\right]_{0m}^{1,5m}$$

Sustituyendo el valor de "P" por el valor de 35 kN, quedará finalmente como:

$$(\delta_H)_A = \frac{35 \cdot 10^3 N \cdot 1,5m}{210 \cdot 10^9 \frac{N}{m^2} \cdot 53,8 \cdot 10^{-4}m^2} = 4,65 \cdot 10^{-5}m$$

No obstante, este resultado no se trata del desplazamiento definitivo, ya que sobre este desplazamiento habrá sumarle el cambio de longitud que sufre la barra (1) debido a la carga térmica provocada por el salto térmico de +100ºC, quedando finalmente como:

$$(\delta_{Total})_A = \delta_A + \alpha\Delta TL$$

$$(\delta_{Total})_A = 4,65 \cdot 10^{-5}m + 11,5 \cdot 10^{-6}\frac{1}{ºC} \cdot (100ºC) \cdot 1,5m$$

$$(\delta_{Total})_A = \mathbf{1,77\ mm}$$

7. CÁLCULO DEL GIRO EN EL NUDO B

Finalmente se concluye con la obtención del giro en el apoyo articulado fijo en el Nudo B. Sin embargo, para la obtención este giro se va a utilizar los Teoremas de Mohr. Se debe destacar que el diagrama de momentos para la barra (1) se trata de una figura geométrica sencilla, por lo que se pueden aplicar los Teoremas de Mohr de forma particularizada como:

$$\theta_B = \theta_A + \sum_{i=1}^{n} \frac{\Omega_i}{EI_Z} \quad (1^\text{o} \text{ Teorema de Mohr})$$

$$y_B = y_A + \theta_A \overline{AB} + \sum_{i=1}^{n} \frac{\Omega_i \cdot d_i}{EI_Z} \quad (2^\text{o} \text{ Teorema de Mohr})$$

Donde:

Ω_i: Representa el sumatorio de las áreas de la Ley de Momentos entre los puntos de aplicación de los Teoremas.

d_i: Es la distancia que existe entre el centro de gravedad de la ley de momentos de cada área respecto al punto donde se quiere calcular la deformación.

Primeramente, para la obtención del giro en B (θ_B), se deberá obtener el giro en A (θ_A), por lo que se deberá aplicar el 2º Teorema de Mohr. A esto se añade que se debe tener en cuenta las condiciones de contorno existentes. Es decir, en A y en B se tratan de apoyos articulados, por lo que su deformación en dichos puntos debe ser nula ($y_A=y_B=0$). El diagrama de momentos sobre el que aplicar los Teoremas de Mohr será la siguiente figura:

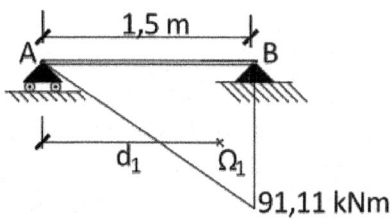

$$y_B = y_A + \theta_A \overline{AB} + \sum_{i=1}^{n} \frac{\Omega_i \cdot d_i}{EI_z}$$

$$0 = 0 + \theta_A \cdot 1{,}5 + \frac{\frac{1}{2} \cdot 1{,}5 \cdot 91{,}11 \cdot \frac{1}{3} \cdot 1{,}5}{EI_z}$$

$$\theta_A = \frac{-22{,}7775}{EI_z}$$

Conocido el giro en A (θ_A), se puede calcular el giro en B (θ_B), a través del 1º Teorema de Mohr, quedando de la forma:

$$\theta_B = \theta_A + \sum_{i=1}^{n} \frac{\Omega_i}{EI_z}$$

$$\theta_B = \frac{-22{,}7775}{EI_z} + \frac{\frac{1}{2} \cdot 1{,}5 \cdot 91{,}11}{EI_z}$$

$$\boldsymbol{\theta_B = \frac{68,3325}{EI_z}}$$

Este resultado puede ser expresado en unidades de ángulo (radianes) porque se conoce tanto el Módulo de Young del acero y la inercia del perfil IPE 300. Por lo que queda finalmente como:

$$\theta_B = \frac{53{,}1475 \text{ kNm}^2 \cdot \frac{10^3 \text{N}}{1 \text{ kN}}}{210 \cdot 10^9 \frac{\text{N}}{\text{m}^2} \cdot 8.360 \cdot 10^{-8} \text{mm}^4} = 0{,}00389 \text{ rad}$$

$$\boldsymbol{\theta_B = 3,89 \text{ mrad}}$$

Al tratarse de un giro positivo indica que el Nudo B sufre un giro en sentido antihorario.

8. DEFORMADA ESTIMA

Finalmente, en esta sección se representa de forma gráfica la deformada estima que adquiere la estructura analizada en función del sistema de cargas externo evaluado es la siguiente.

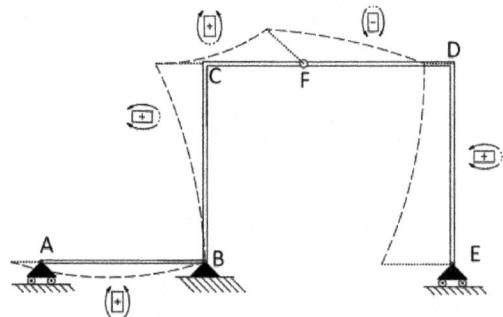

PROBLEMA 6

La siguiente estructura se encuentra formada por dos barras. En el Nudo B existe una rótula. La estructura se encuentra vinculada con el exterior a través de dos apoyos. Un apoyo articulado móvil en el Nudo C, y un empotramiento en el Nudo A. Para el tramo AB de la barra (1) existe una carga triangular distribuida de valor 45 kN/m. En el tramo BE existe una carga uniformemente distribuida de 5 kN/m. En el Nudo D de la barra (2) un momento puntual de valor 25 kNm. Todas las barras son del mismo material (Acero S225; E=210 GPa) y en el diseño se aplica un coeficiente de seguridad de Y=1,75.

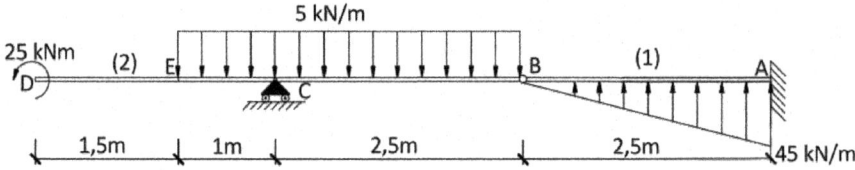

Para la estructura anterior se pide:

1. Cálculo del Grado de Hiperestaticidad de la estructura.
2. Cálculo de las reacciones de la estructura.
3. Cálculo de los esfuerzos internos de la estructura.
4. Representar gráficamente los diagramas de esfuerzos internos (Axiles, Cortantes y Momentos Flectores) de la estructura.
5. Dimensionar según el criterio de Von Mises en función del perfil compuesto propuesto.
6. Cálculo del giro relativo en la rótula (Nudo B). Aplicar la Ecuación Característica de la Elástica.
7. Cálculo del desplazamiento vertical en el voladizo (Nudo D). Aplicar la Ecuación Característica de la Elástica.
8. Representación de la deformada estima.

1. GRADO DE HIPERESTATICIDAD

El primer paso es determinar el grado hiperestático que tiene la estructura. Para ello a las incógnitas en reacciones (R), le restamos las ecuaciones de equilibrio (E) más el número de rótulas (r), este último valor indica el número de ecuaciones que disponemos. De esta forma para alcanzar un grado de hiperestático 0, permite disponer de tantas ecuaciones como incógnitas:

$$GH = R - [E + r]$$

En este caso contamos con un apoyo articulado móvil (Nudo C) y un empotramiento (Nudo A), por lo tanto, tenemos 4 reacciones. Además, la estructura incorpora una rótula en el Nudo B.

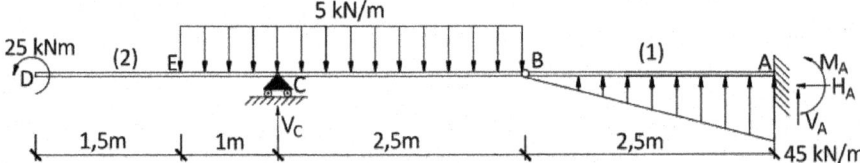

Conocido es que en el plano podemos plantear 3 ecuaciones de equilibrio, a las que podemos añadir tantas ecuaciones como rótulas dispongamos. Así, de este modo, para la estructura de la figura, el grado hiperestático es:

$$GH = 4 - [3 + 1] = 0$$

Al obtener un grado hiperestático 0 significa que es isostático, o lo que es lo mismo, con las ecuaciones de equilibrio se puede calcular las reacciones de los apoyos.

2. CALCULO DE LAS REACCIONES

En primer lugar, se aplica las ecuaciones de equilibrio, teniendo en cuenta las reacciones y el sistema de cargas aplicado:

Sumatorio de fuerzas horizontales igual a 0. En este caso el sistema de cargas aplicado a la estructura no hay cargas horizontales.

$$\Sigma F_H = 0 \rightarrow H_A = 0 \text{ kN}$$

Sumatorio de fuerzas verticales igual a 0. En este caso el sistema de cargas aplicado a la estructura aporta la carga uniformemente distribuida y la carga triangular distribuida.

$$\Sigma F_V = 0$$

$$V_A + V_C - 5 \cdot 3,5 + \frac{1}{2} \cdot 2,5 \cdot 45 = 0 \ (\text{Ec. 1})$$

$$V_A + V_C = -38,75 \ \text{kN} \ (\text{Ec. 1})$$

Sumatorio de momentos flectores respecto al punto A igual a 0. En este caso tomamos como positivos los momentos antihorarios (eje Z). Tanto las reacciones como el sistema de cargas se valoran aplicando su brazo de palanca desde el punto seleccionado.

$$\Sigma M_A = 0$$

$$M_A - \frac{1}{2} \cdot 2,5 \cdot 45 \cdot \frac{1}{3} \cdot 2,5 - V_C \cdot 5 + 25 + 5 \cdot (2,5 + 1) \cdot (2,5 + \frac{3,5}{2}) = 0$$

$$M_A - 5V_C = -52,5 \ \text{kNm} \ (\text{Ec. 2})$$

En este caso la estructura presenta una rótula en el Nudo B, por lo tanto, podemos plantear una nueva ecuación de equilibrio, se debe cumplir en la situación de equilibrio, que el momento en ese Nudo B debe ser nulo. Podemos realizar un corte en ese punto y plantear el equilibrio al resto de la estructura por la derecha o por la izquierda de la rótula. En este caso tomamos la subestructura de la izquierda como se muestra en la figura, igualando el momento a cero:

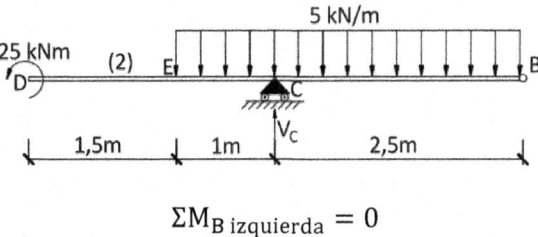

$$\Sigma M_{B \ izquierda} = 0$$

$$-V_C \cdot 2{,}5 + 25 + 5 \cdot 3{,}5 \cdot \frac{3{,}5}{2} = 0$$

$$V_C = 22{,}25 \text{ kN}$$

Si sustituimos V_C en la Ec.2 tenemos:

$$M_A - 5V_C = -52{,}5 \text{ kNm (Ec. 2)}$$

$$M_A = 58{,}75 \text{ kNm}$$

Si sustituimos V_C y en la Ec.1 tenemos:

$$V_A + V_C = -38{,}75 \text{ kN (Ec. 1)}$$

$$V_A = -61 \text{ kN}$$

3. CORTES. CÁLCULO DE ESFUERZOS INTERNOS

Ahora siendo conocidos los valores de las reacciones, realizamos los cortes necesarios para analizar los esfuerzos que se producen a lo largo de toda la estructura. En este caso:

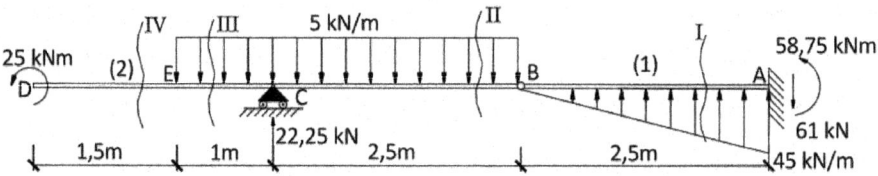

Como podemos observar en la figura realizaremos cuatro cortes; uno entre los nudos A-B en la barra (1); entre los nudos B-C de la barra (1); uno entre C-E en la barra (2) y finalmente uno entre los nudos D-E de la barra (2). Esto nos permitirá identificar los esfuerzos internos en función de la directriz de la barra (denominada como variable "x") y así poder obtener los resultados para cada sección de la estructura.

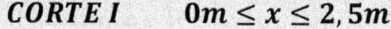

CORTE I $\quad 0m \le x \le 2,5m$

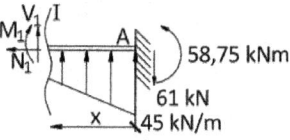

$$\Sigma F_H = 0; \ N_1 = 0 \text{ kN}$$

En este **Corte I**, al realizar el estudio de los esfuerzos internos por la derecha (Nudo A), la carga triangular se transforma en una carga trapezoidal, por lo tanto, deberemos estudiarla como se muestra en la siguiente figura.

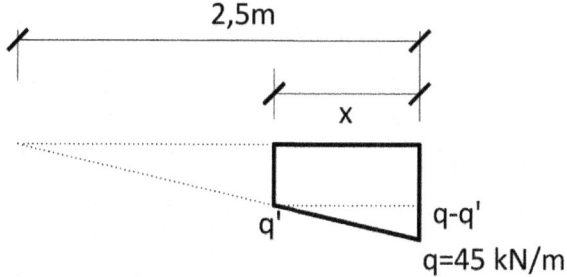

Primeramente, deberemos calcular el área de carga del trapecio existente por ser nuestra carga a esfuerzo cortante.

$$\Omega = \frac{(B + b)}{2}h \rightarrow \Omega = \frac{(q + q')}{2}x$$

Realizando una semejanza de triángulos en la carga triangular distribuida:

$$\frac{q}{L} = \frac{q'}{L - x} \rightarrow q' = \frac{(L - x)}{L}q = q - \frac{x}{L}q$$

Sustituyendo en la fórmula anterior del área de carga quedará de la siguiente forma:

$$\Omega = \frac{(q + q')}{2} x = \frac{\left(q + q - \frac{x}{L}q\right)}{2} x$$

$$\Omega = qx - q\frac{x^2}{2L}$$

Sustituyendo los valores quedará de la forma:

$$\Omega = 45x - 45\frac{x^2}{2 \cdot 2,5}$$

$$\Sigma F_V = 0; \ V_1 = 61 - 45x + 9x^2$$

Sustitución en los límites del intervalo:

$$V_1 = 61 \ kN \ (x = 0m)$$

$$V_1 = \ 4,75 \ kN \ (x = 2,5m)$$

$$\Sigma M_S = 0$$

$$M_1 = -61x + 58,75 + \left(45 - \frac{x}{2,5} \cdot 45\right)\left(\frac{x}{2}\right) + \left(\frac{1}{2} \cdot x \cdot \frac{x}{2,5} \cdot 45\right)\left(\frac{2}{3}x\right)$$

$$M_1 = 6x^3 - 9x^2 - 38,5x + 58,75$$

Sustitución en los límites del intervalo:

$$M_1 = 58,75 \ kNm \ (x = 0m)$$

$$M_1 = 0 \ kNm \ (x = 2,5m)$$

CORTE II $\mathbf{2,5m \leq x \leq 5m}$

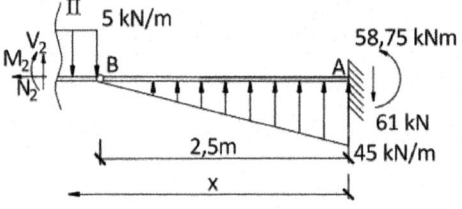

$$\Sigma F_H = 0; \ N_2 = 0 \ kN$$

$$\Sigma F_V = 0; \ V_2 = 61 - \frac{1}{2} \cdot 2,5 \cdot 45 + 5(x - 2,5)$$

$$V_2 = 4,75 + 5(x - 2,5)$$

Sustitución en los límites del intervalo:

$$V_2 = 4,75 \text{ kN } (x = 2,5\text{m})$$

$$V_2 = 17,25 \text{ kN } (x = 5\text{m})$$

$$\Sigma M_S = 0$$

$$M_2 = -61x + 58,75 - 5(x - 2,5)\frac{(x - 2,5)}{2} + 56,25\left(x - \frac{1}{3}2,5\right)$$

$$M_2 = -2,5x^2 + 7,75x - 3,75$$

$$M_2 = -2,5x^2 + 7,75x - 3,75 = 0 \rightarrow x = 2,5\text{m}$$

Sustitución en los límites del intervalo:

$$M_2 = 0 \text{ kNm } (x = 2,5\text{m})$$

$$M_2 = -27,5 \text{ kNm } (x = 5\text{m})$$

CORTE III $5m \leq x \leq 6m$

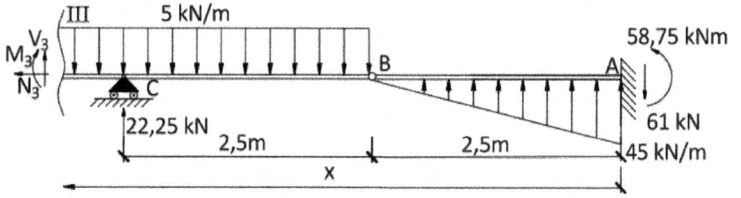

$$\Sigma F_H = 0; N_3 = 0 \text{ kN}$$

$$\Sigma F_V = 0; V_3 = 61 - \frac{1}{2} \cdot 2,5 \cdot 45 - 22,25 + 5(x - 2,5)$$

$$V_3 = -30 + 5x$$

Sustitución en los límites del intervalo:

$$V_3 = -5 \text{ kN } (x = 5\text{m})$$

$$V_3 = 0 \text{ kN } (x = 6\text{m})$$

$$\Sigma M_S = 0$$

$$M_3 = -61x + 58{,}75 - 5(x - 2{,}5)\frac{(x - 2{,}5)}{2} + \frac{1}{2}2{,}5 \cdot 45\left(x - \frac{1}{3}2{,}5\right)$$

$$+22{,}25(x - 5)$$

$$M_3 = -2{,}5x^2 + 30x - 115$$

Sustitución en los límites del intervalo:

$$M_3 = -27{,}5 \text{ kNm } (x = 5m)$$

$$M_3 = -25 \text{ kNm } (x = 6m)$$

CORTE IV $6m \leq x \leq 7,5m$

$$\Sigma F_H = 0; \ N_4 = 0 \text{ kN}$$

$$\Sigma F_V = 0; \ V_4 = 61 - \frac{1}{2} \cdot 2{,}5 \cdot 45 - 22{,}25 + 5 \cdot 3{,}5 = 0 \text{ kN}$$

$$\Sigma M_S = 0$$

$$M_4 = -61x + 58{,}75 - 5 \cdot 3{,}5(x - 2{,}5 - 1{,}75) + \frac{1}{2} \cdot 2{,}5$$

$$\cdot 45\left(x - \frac{1}{3} \cdot 2{,}5\right)$$

$$+22{,}25(x - 5)$$

$$M_4 = -25 \text{ kNm}$$

Sustitución en los límites del intervalo:

$$M_4 = -25 \text{ kNm } (x = 6m)$$

$$M_4 = -25 \text{ kNm } (x = 7,5m)$$

---

4. DIAGRAMAS DE ESFUERZOS

Una vez analizados los cortes, podemos representar gráficamente los diagramas de esfuerzos Axiles, Cortantes y Momentos Flectores. Se debe indicar que, para visualizar la existencia de esfuerzos en las barras, los diagramas no están escalados en función de sus valores.

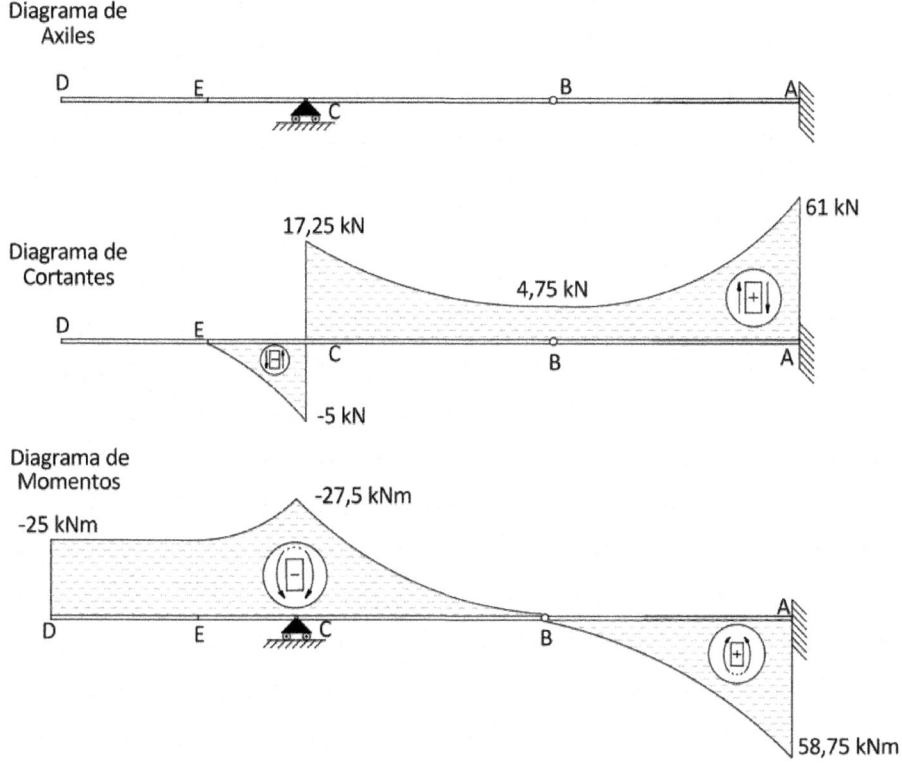

5. DISEÑO DE LAS BARRAS A RESISTENCIA

En este problema y a diferencia del resto en el cual se proponían utilizar series de perfiles metálicos estándares (HEA, HEB, IPE, IPN, UPN), en este problema se quiere utilizar un perfil compuesto. Un perfil compuesto se trata de un perfil estructural estándar como los que se ha trabajado hasta ahora, pero al que se le une mediante soldaduras una serie de elementos adicionales, generalmente chapas de acero denominadas platabandas. Cuyo objetivo es aumentar las propiedades geométricas, como el área de la sección, las inercias de la sección etc., para un mejor comportamiento estructural sin tener que aumentar la serie del perfil. El perfil que se quiere aplicar a toda la estructura es el que se muestra en la siguiente figura, donde se encuentra formado por un perfil IPE 300, y al que se le ha añadido dos chapas de acero en la parte superior (Platabanda 2) y a la izquierda de este (Platabanda 1).

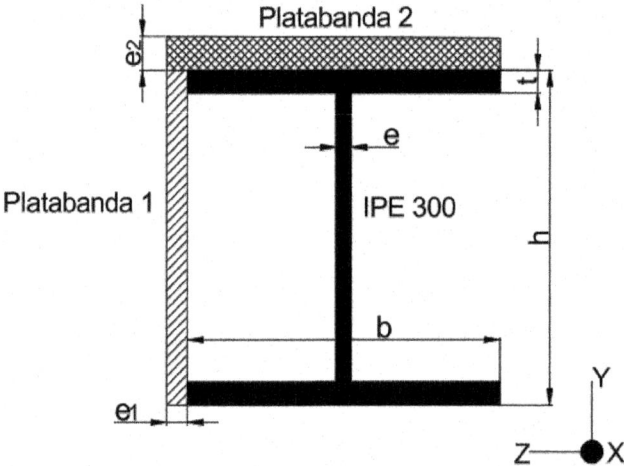

En primer lugar, antes de proceder a realizar los cálculos de las tensiones en el perfil compuesto con los esfuerzos internos identificados en la estructura, se deben estudiar las propiedades geométricas de la sección compuesta necesarias para desarrollar el cálculo. Estas van a ser el área total del perfil metálico (Ω_{Total}), el momento de inercia en el Eje "Z" (I_z), debido a que solo encontramos flexión en este, y por último el momento estático de media sección con respecto al Eje "Z" (m_z). Para ello se recogen en la siguiente tabla las diversas medidas sobre los valores del perfil IPE 300, así como de las platabandas.

Elemento del Perfil Compuesto	Variable	Valor
Platabanda 1	e_1	1 cm
	h	30 cm
Platabanda 2	e_2	1,6 cm
IPE 300	t	1,07 cm
	e	7,1 mm
	h	30 cm
	I'_z	8360 cm^4
	I'_Y	604 cm^4
	b	15cm
	Ω_{IPE300}	53,8 cm^2
	$(m_z)_{Media\ Sección}$	314 cm^3

El primer paso de cálculo es la obtención del Centro de Gravedad de la Sección Compuesta (c.d.g). Para ello se proponen unos ejes de referencia ordinarios (Y_O, Z_O) situados en la esquina inferior derecha sobre el que referir los cálculos.

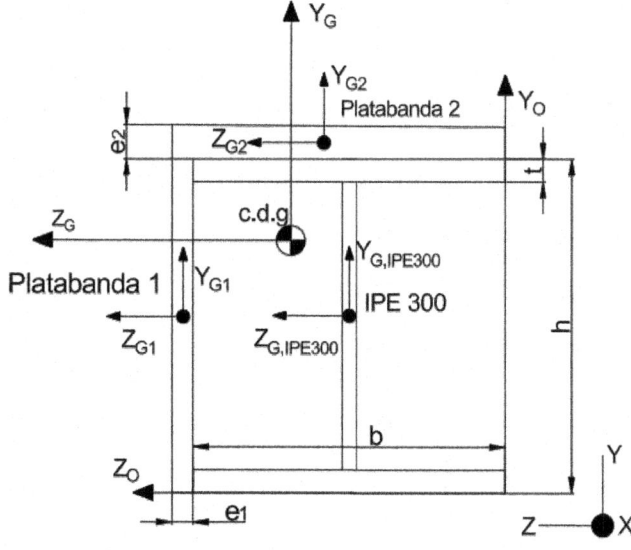

Para ello el c.d.g se calcula a través de las siguientes expresiones, donde forma primera se debe obtener el área total del perfil compuesto:

$$(\Omega)_{Total} = 53{,}8 + 1 \cdot 30 + 1{,}6 \cdot 16 = 109{,}4 \text{ cm}^2$$

$$(\Omega)_{Total} = \mathbf{109{,}4 \text{ cm}^2}$$

La componente horizontal (Z_G) del c.d.g viene definido por la siguiente expresión:

$$z_G = \frac{\sum_{i=1}^{n} \Omega_i Z_{Gi}}{\sum_{i=1}^{n} \Omega_i}$$

$$z_G = \frac{(53{,}8) \cdot \left(\frac{15}{2}\right) + (1 \cdot 30) \cdot \left(15 + \frac{1}{2}\right) + (1{,}6 \cdot 16) \cdot \left(\frac{16}{2}\right)}{53{,}8 + 1 \cdot 30 + 1{,}6 \cdot 16}$$

$$Z_G = \mathbf{9{,}81 \text{ cm}}$$

La componente vertical (Y_G) del c.d.g viene definido por la siguiente expresión:

$$y_G = \frac{\sum_{i=1}^{n} \Omega_i y_{Gi}}{\sum_{i=1}^{n} \Omega_i}$$

$$y_G = \frac{(53{,}8) \cdot \left(\frac{30}{2}\right) + (1 \cdot 30) \cdot \left(\frac{30}{2}\right) + (1{,}6 \cdot 16) \cdot \left(30 + \frac{1{,}6}{2}\right)}{53{,}8 + 1 \cdot 30 + 1{,}6 \cdot 16}$$

$$Y_G = \mathbf{18{,}7 \text{ cm}}$$

Por lo tanto, el c.d.g viene definido por las siguientes coordenadas:

$$\mathbf{c.\,d.\,g = (Z_G; Y_G) = (9{,}81\text{cm}; 18{,}7\text{cm})}$$

Conocido el c.d.g, se puede calcular la distancia a la fibra superior del perfil compuesto y la fibra inferior que posteriormente se necesitará para calcular la distribución de tensiones según la Ley de Navier:

$$y_{Superior} = \mathbf{30 \text{ cm} - 18{,}7 \text{ cm} = +11{,}3 \text{ cm}}$$

$$y_{inferior} = \mathbf{-18{,}7 \text{ cm}}$$

Una vez que se tiene localizado las coordenadas del c.d.g, se debe proceder al cálculo de los momentos de inercia (I_z, I_Y) de la sección compuesta. Se debe especificar que los momentos de inercia individuales de las secciones independientes (Platabanda 1, Platabanda 2, IPE 300) no pasan por el c.d.g de la sección compuesta, por lo que habrá que aplicar el **Teorema de Steiner**, para poder obtener el momento de inercia con respecto a los ejes del c.d.g como se muestra a continuación:

$$I_z = (I_z')_{cdg} + \Omega d^2$$

Quedando el momento de Inercia en el Eje "Z" total de la sección compuesta como:

$$(I_z)_{Total} = (I_z')_{IPE300} + (I_z')_{Platabanda1} + (I_z')_{Platabanda2}$$

$$(I_z)_{Total} = \left\{ 8360 + 53,8 \cdot \left(18,7 - \frac{30}{2}\right)^2 \right\} +$$

$$+ \left\{ \frac{1}{12} \cdot 1 \cdot 30^3 + 1 \cdot 30 \cdot \left(18,7 - \frac{30}{2}\right)^2 \right\} +$$

$$+ \left\{ \frac{1}{12} \cdot 16 \cdot 1,6^3 + 16 \cdot 1,6 \cdot \left(30 + \frac{1,6}{2} - 18,7\right)^2 \right\}$$

$$(I_z)_{Total} = \mathbf{15.510,779 \; cm^4}$$

Se vuelve a replicar el mismo procedimiento, pero para el Eje "Y".

$$I_y = \left(I_y'\right)_{cdg} + \Omega d^2$$

$$(I_y)_{Total} = \left(I_y'\right)_{IPE300} + \left(I_y'\right)_{Platabanda1} + \left(I_y'\right)_{Platabanda2}$$

$$(I_y)_{Total} = \left\{ 604 + 53,8 \cdot \left(9,81 - \frac{15}{2}\right)^2 \right\} +$$

$$+ \left\{ \frac{1}{12} \cdot 30 \cdot 1^3 + 1 \cdot 30 \cdot \left(15 + \frac{1}{2} - 9,81\right)^2 \right\} +$$

$$+\left\{\frac{1}{12}\cdot 1,6\cdot 16^3 + 16\cdot 1,6\cdot\left(9,81-\frac{16}{2}\right)^2\right\}$$

$$\left(I_y\right)_{Total} = 2.494,87\ cm^4$$

Finalmente, el último parámetro geométrico a calcular será el momento estático (m_z) de media sección del perfil compuesto, debido a que es en el c.d.g donde mayores esfuerzos cortantes se producen, para ello se utiliza la siguiente figura.

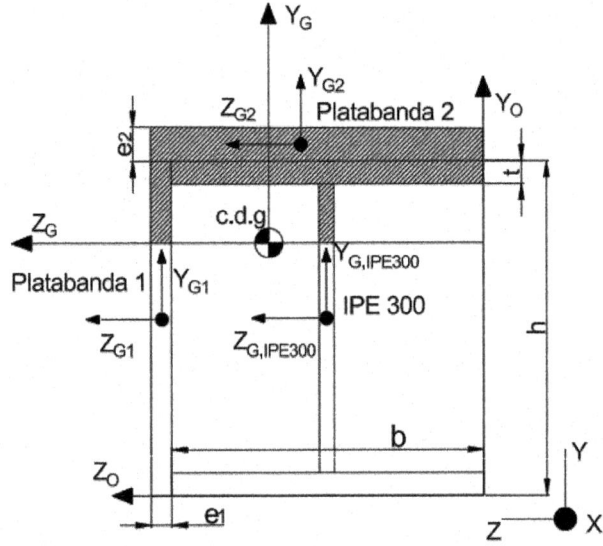

$$(m_z)_{Total} = (m_z)_{Platabanda1} + (m_z)_{Platabanda2} + (m_z)_{IPE300}$$

$$(m_z)_{Platabanda1} = (1)(30-18,7)\frac{(30-18,7)}{2} = 63,845\ cm^3$$

$$(m_z)_{Platabanda2} = (15+1)(1,6)\left(30+\frac{1,6}{2}-18,7\right) = 309,76\ cm^3$$

$$(m_z)_{IPE300} = 314 - \left[(0,71)(18,7-15)\frac{(18,7-15)}{2}\right] = 309,14\ cm^3$$

$$(m_z)_{Total} = 682,745\ cm^3$$

A la vista del diagrama se localiza la sección o secciones más solicitadas, es decir los puntos donde el Momento Flector, Cortante y Axil sean máximos. En este caso el Momento Flector máximo se da en la sección donde se encuentra el Nudo A de la barra (1) y su valor es: $|M_{max}| = 58{,}75$ kNm y donde hay un esfuerzo cortante $|V| = 61$ kN.

Diseño a Resistencia:

El valor de la tensión admisible será:

$$\sigma_{adm} = \frac{\sigma_{elástico}}{\Upsilon} = \frac{225 \text{ MPa}}{1{,}75} = 128{,}57 \text{ MPa}$$

Sección A Barra (1)

Según el criterio de **Von Mises**, la tensión equivalente tiene que ser siempre menor que la $\sigma_{admisible}$ del material y se calculará con la siguiente expresión:

$$\sigma_{equivalente} = \sqrt{\sigma_x^2 + 3\tau_{xy}^2}$$

En la Sección A la tensión normal será la debida al momento flector, según **La Ley de Navier**:

$$\sigma_x = -\frac{M_z}{I_z}y = -\frac{58{,}75 \cdot 10^6 \text{ Nmm}}{15.510{,}779 \cdot 10^4 \text{ mm}^4}y$$

En este caso se deberá calcular la tensión tanto en la fibra superior como en la fibra inferior, para ello se utilizará las componentes previamente calculadas:

$$\sigma_x = -\frac{M_z}{I_z}y_{sup} = -\frac{58{,}75 \cdot 10^6 \text{ Nmm}}{15.510{,}779 \cdot 10^4 \text{ mm}^4}(+113\text{mm}) = -42{,}8 \text{ MPa}$$

$$\sigma_x = -\frac{M_z}{I_z}y_{inf} = -\frac{58{,}75 \cdot 10^6 \text{ Nmm}}{15.510{,}779 \cdot 10^4 \text{ mm}^4}(-187\text{mm}) = 70{,}83 \text{ MPa}$$

En la Sección A también tenemos esfuerzo cortante de valor $|V| = 61$ kN y las tensiones cortantes producidas por ese esfuerzo se calcularán mediante la **Ley de Colignon**:

$$\tau_{xy} = \frac{V \cdot m_z}{e \cdot I_z}$$

El momento estático, el espesor y el momento de inercia del perfil los obtendremos de los datos previamente calculados:

$$\tau_{xy} = \frac{V \cdot m_z}{e \cdot I_z} = \frac{61 \cdot 10^3 N \cdot 682{,}745 cm^3 \cdot \frac{1000\ mm^3}{cm^3}}{(7{,}1 + 10 mm) \cdot 15.510{,}779 \cdot 10^4\ mm^4} = 15{,}70\ MPa$$

Por lo tanto, la tensión equivalente según Von Mises es:

$$\sigma_{eq} = \sqrt{\sigma_x^2 + 3\tau_{xy}^2} = \sqrt{70{,}83^2 + 3 \cdot 15{,}70^2} =$$

$$\mathbf{75,87\ MPa \geq \sigma_{adm} = 220\ MPa}$$

Como $\sigma_{eq} < \sigma_{adm}$ lo que indica que la sección compuesta cumple a los criterios de diseño.

6. CÁLCULO DEL GIRO RELATIVO EN LA RÓTULA (NUDO B)

La ecuación característica de la elástica establece que:

$$M(x) = y'' EI_z$$

Si la ecuación diferencial anterior, se integra una vez obtendremos la ecuación giros de la barra:

$$\theta(x) = \frac{dy}{dx} = y' = \int \frac{M(x)}{EI_z} dx$$

Si sobre esta ecuación diferencial se vuelve a integrar obtendremos la ecuación de desplazamientos o deformaciones:

$$y(x) = \int \theta(x)\, dx = \iint \frac{M(x)}{EI_z} dx$$

Por lo que, conocidas las leyes de momentos previamente calculadas para cada tramo, se procederá a ir de forma constante integrándolas por tramos:

Corte I 0m ≤ x ≤ 2,5m

$$M_1(x) = 6x^3 - 9x^2 - 38,5x + 58,75$$

$$\theta_1(x) = \frac{dy}{dx} = y_1' = \int \frac{M_1(x)}{EI_z} dx$$

$$\theta_1(x) = \int \frac{(6x^3 - 9x^2 - 38,5x + 58,75)}{EI_z} dx$$

$$\theta_1(x) = \frac{1}{EI_z}\left[\frac{6}{4}x^4 - \frac{9}{3}x^3 - \frac{38,5}{2}x^2 + 58,75x + A\right]$$

$$y_1(x) = \int \theta_1(x)\,dx = \int \frac{1}{EI_z}\left(\frac{6}{4}x^4 - \frac{9}{3}x^3 - \frac{38,5}{2}x^2 + 58,75x + A\right)dx$$

$$y_1(x) = \frac{1}{EI_z}\left[\frac{6}{20}x^5 - \frac{9}{12}x^4 - \frac{38,5}{6}x^3 + \frac{58,75}{2}x^2 + Ax + B\right]$$

Corte II 2,5m ≤ x ≤ 5m

$$M_2(x) = -2,5x^2 + 7,75x - 3,75$$

$$\theta_2(x) = \int \frac{(-2,5x^2 + 7,75x - 3,75)}{EI_z} dx$$

$$\theta_2(x) = \frac{1}{EI_z}\left[\frac{-2,5}{3}x^3 + \frac{7,75}{2}x^2 - 3,75x + C\right]$$

$$y_2(x) = \int \theta_2(x)\,dx = \int \frac{1}{EI_z}\left(\frac{-2,5}{3}x^3 + \frac{7,75}{2}x^2 - 3,75x + C\right)dx$$

$$y_2(x) = \frac{1}{EI_z}\left[\frac{-2,5}{12}x^4 + \frac{7,75}{6}x^3 - \frac{3,75}{2}x^2 + Cx + D\right]$$

Corte III 5m ≤ x ≤ 6m

$$M_3(x) = -2,5x^2 + 30x - 115$$

$$\theta_3(x) = \int \frac{(-2,5x^2 + 30x - 115)}{EI_z} dx$$

$$\theta_3(x) = \frac{1}{EI_z}\left[\frac{-2,5}{3}x^3 + \frac{30}{2}x^2 - 115x + E\right]$$

$$y_3(x) = \int \theta_3(x)\, dx = \int \frac{1}{EI_z}\left(\frac{-2,5}{3}x^3 + \frac{30}{2}x^2 - 115x + E\right) dx$$

$$y_3(x) = \frac{1}{EI_z}\left[\frac{-2,5}{12}x^4 + \frac{30}{6}x^3 - \frac{115}{2}x^2 + Ex + F\right]$$

Corte IV 6m ≤ x ≤ 7,5m

$$M_4(x) = -25$$

$$\theta_4(x) = \int \frac{(-25)}{EI_z}\, dx$$

$$\theta_4(x) = \frac{1}{EI_z}[-25x + G]$$

$$y_4(x) = \int \theta_4(x)\, dx = \int \frac{1}{EI_z}(-25x + G)\, dx$$

$$y_4(x) = \frac{1}{EI_z}\left[\frac{-25}{2}x^2 + Gx + H\right]$$

Condiciones de contorno:

En el Nudo A, existe un empotramiento, por lo tanto, el desplazamiento y el giro en ese nudo debe ser nulo, por lo que las condiciones de contorno serán:

$$\theta_1(x = 0) = 0$$

$$y_1(x = 0) = 0$$

Imponiendo estas condiciones de contorno en las ecuaciones anteriores para el Corte I $0 \leq x \leq 2,5$m, se puede obtener de forma directa las constantes de integración A, B.

$$\theta_1(x) = 0 \rightarrow \frac{1}{EI_z}\left[\frac{6}{4}0^4 - \frac{9}{3}0^3 - \frac{38,5}{2}0^2 + 58,75 \cdot 0 + A\right]$$

$$\mathbf{A = 0}$$

$$y_1(x) = 0 \rightarrow \frac{1}{EI_z}\left[\frac{6}{20}0^5 - \frac{9}{12}0^4 - \frac{38,5}{6}0^3 + \frac{58,75}{2}0^2 + A \cdot 0 + B\right]$$

$$B = 0$$

En el Nudo B, existe una rótula, por lo tanto, por continuidad la ley de deformaciones de la derecha del Nudo B debe coincidir con la de la izquierda:

$$y_1(x = 2{,}5m) = y_2(x = 2{,}5m)$$

$$\frac{1}{EI_z}\left[\frac{6}{20}2{,}5^5 - \frac{9}{12}2{,}5^4 - \frac{38,5}{6}2{,}5^3 + \frac{58,75}{2}2{,}5^2\right] =$$

$$= \frac{1}{EI_z}\left[\frac{-2,5}{12}2{,}5^4 + \frac{7,75}{6}2{,}5^3 - \frac{3,75}{2}2{,}5^2 + C \cdot 2{,}5 + D\right] (Ec.\,1)$$

$$(Ec.\,1) \rightarrow 2{,}5C + D = 83$$

En el Nudo C, existe un apoyo articulado móvil, por lo tanto, su deformación es nula en el apoyo:

$$y_2(x = 5m) = 0$$

$$\frac{1}{EI_z}\left[\frac{-2,5}{12}5^4 + \frac{7,75}{6}5^3 - \frac{3,75}{2}5^2 + C \cdot 5 + D\right] = 0 \rightarrow (Ec.\,2)$$

$$(Ec.\,2) \rightarrow 5C + D = \frac{125}{8}$$

Con la Ec.1 y la Ec.2, se puede obtener directamente los valores de las constantes de integración C, D:

$$C = -26,95$$

$$D = 150,37$$

En el Nudo C, existe un apoyo articulado móvil, por lo tanto, su deformación es nula en el apoyo:

$$y_3(x = 5m) = 0$$

$$\frac{1}{EI_z}\left[\frac{-2,5}{12}5^4 + \frac{30}{6}5^3 - \frac{115}{2}5^2 + E \cdot 5 + F\right] = 0 \rightarrow (Ec.\,3)$$

$$(Ec.\,3) \rightarrow 5E + F = \frac{22625}{24}$$

Y finalmente las otras condiciones de contorno disponibles es la aplicación de continuidad entre tramos:

$$\theta_2(x = 5m) = \theta_3(x = 5m)$$

$$\frac{1}{EI_z}\left[\frac{-2,5}{3}5^3 + \frac{7,75}{2}5^2 - 3,75 \cdot 5 + C\right] =$$

$$= \frac{1}{EI_z}\left[\frac{-2,5}{3}5^3 + \frac{30}{2}5^2 - 115 \cdot 5 + E\right] \rightarrow (Ec.\,4)$$

$$(Ec.\,4) \rightarrow -\frac{625}{24} + C = E - \frac{1825}{6}$$

Conocido el valor de la constante de integración C, se puede obtener el valor de E, de la Ec.4.

$$E = 251,175$$

Conocido el valor de la constante E, se puede obtener el valor de F, de la Ec.3.

$$F = -313,1667$$

Siguiendo con las condiciones de contorno entre continuidad entre tramos:

$$\theta_3(x = 6m) = \theta_4(x = 6m)$$

$$\frac{1}{EI_z}\left[\frac{-2,5}{3}6^3 + \frac{30}{2}6^2 - 115 \cdot 6 + E\right] =$$

$$= \frac{1}{EI_z}\left[-25 \cdot 6 + G\right] \rightarrow (Ec.\,5)$$

$$(Ec.\,5) \rightarrow -\frac{3153}{40} = -150 + G$$

Conocido el valor de la constante E, se puede obtener el valor de G, de la Ec.5.

$$G = 71,175$$

$$y_3(x = 6m) = y_4(x = 6m)$$

$$\frac{1}{EI_z}\left[\frac{-2,5}{12}6^4 + \frac{30}{6}6^3 - \frac{115}{2}6^2 + E \cdot 6 + F\right] =$$

$$= \frac{1}{EI_z}\left[\frac{-25}{2}6^2 + G6 + H\right] \to (Ec.\,5)$$

$$(Ec.\,5) \to -1260 + 6E + F = 6G + H - 450$$

Sustituyendo el valor de las constantes de integración E, F, G, se puede obtener finalmente el valor de H.

$$H = -43,1667$$

Conocidas todas las constantes de integración de todos los tramos, las leyes de giros y deformaciones quedarán de la siguiente forma:

$$\theta_1(x) = \frac{1}{EI_z}\left[\frac{6}{4}x^4 - \frac{9}{3}x^3 - \frac{38,5}{2}x^2 + 58,75x\right] \; 0 \leq x \leq 2,5m$$

$$y_1(x) = \frac{1}{EI_z}\left[\frac{6}{20}x^5 - \frac{9}{12}x^4 - \frac{38,5}{6}x^3 + \frac{58,75}{2}x^2\right] \; 0 \leq x \leq 2,5m$$

$$\theta_2(x) = \frac{1}{EI_z}\left[\frac{-2,5}{3}x^3 + \frac{7,75}{2}x^2 - 3,75x - 26,95\right] \; 2,5m \leq x \leq 5m$$

$$y_2(x) = \frac{1}{EI_z}\left[\frac{-2,5}{12}x^4 + \frac{7,75}{6}x^3 - \frac{3,75}{2}x^2 - 26,95x + 150,37\right] \; 2,5m \leq x \leq 5m$$

$$\theta_3(x) = \frac{1}{EI_z}\left[\frac{-2,5}{3}x^3 + \frac{30}{2}x^2 - 115x + 251,175\right] \; 5m \leq x \leq 6m$$

$$y_3(x) = \frac{1}{EI_z}\left[\frac{-2,5}{12}x^4 + \frac{30}{6}x^3 - \frac{115}{2}x^2 + 251,175x - 313,1667\right] \; 5m \leq x \leq 6m$$

$$\theta_4(x) = \frac{1}{EI_z}[-25x + 71,175] \; 6m \leq x \leq 7,5m$$

$$y_4(x) = \frac{1}{EI_z}\left[\frac{-25}{2}x^2 + 71{,}175x - 43{,}1667\right] \; \mathbf{6m \leq x \leq 7,5m}$$

Definidas perfectamente las ecuaciones de giros y deformaciones para cada uno de los tramos se puede calcular los resultados solicitados. El primero de ellos se trata del giro relativo en la rótula. Como bien es conocido una rótula es una articulación en una estructura, y por lo tanto el giro por la izquierda de esta no tiene por qué coincidir con el giro por la derecha. Entonces el giro relativo será la diferencia entre ambos giros quedando como:

$$\theta_B = \theta_2(x = 2{,}5m) - \theta_1(x = 2{,}5m)$$

O bien de forma la otra forma:

$$\theta_B = \theta_1(x = 2{,}5m) - \theta_2(x = 2{,}5m)$$

Por lo que primeramente se deberá calcular de forma preliminar el giro tanto para el Tramo I, como en el Tramo II en la coordenada x=2,5m.

$$\theta_1(x = 2{,}5m) = \frac{1}{EI_z}\left[\frac{6}{4}2{,}5^4 - \frac{9}{3}2{,}5^3 - \frac{38{,}5}{2}2{,}5^2 + 58{,}75 \cdot 2{,}5\right]$$

$$\theta_1(x = 2{,}5m) = \frac{38{,}28125}{EI_z}$$

$$\theta_1(x = 2{,}5m) = \frac{38{,}28125 \cdot kNm^2 \cdot \frac{10^3 N}{1\,kN}}{210 \cdot 10^9 \frac{N}{m^2} \cdot 15.510{,}779 \cdot 10^{-8} m^4}$$

$$\boldsymbol{\theta_1(x = 2,5m) = 1,175\ mrad}$$

$$\theta_2(x = 2{,}5m) = \frac{1}{EI_z}\left[\frac{-2{,}5}{3}2{,}5^3 + \frac{7{,}75}{2}2{,}5^2 - 3{,}75 \cdot 2{,}5 - 26{,}95\right]$$

$$\theta_2(x = 2{,}5m) = \frac{-25{,}127083}{EI_z}$$

$$\theta_2(x = 2{,}5m) = \frac{-25{,}127083 \cdot kNm^2 \cdot \frac{10^3 N}{1\,kN}}{210 \cdot 10^9 \frac{N}{m^2} \cdot 15.510{,}779 \cdot 10^{-8} m^4}$$

$$\boldsymbol{\theta_2(x = 2{,}5m) = -0{,}77\ \text{mrad}}$$

Por lo que quedará de la forma:

$$(\theta_B)_{Relativo} = -0{,}77\ \text{mrad} - 1{,}175\ \text{mrad}$$

$$\boldsymbol{(\theta_B)_{Relativo} = -1{,}945\ \text{mrad}}$$

Y la otra posibilidad de giro relativo en la rótula será:

$$(\theta_B)_{Relativo} = -1{,}175\ \text{mrad} + 0{,}77\ \text{mrad}$$

$$\boldsymbol{(\theta_B)_{Relativo} = -0{,}405\ \text{mrad}}$$

7. DESPLAZAMIENTO VERTICAL EN EL VOLADIZO

Finalmente, el último resultado de deformaciones que se pide sobre este problema es calcular la deformación vertical en el voladizo de la estructura, es decir, en el Nudo D. Para ello se utilizará la ecuación de deformaciones para el último tramo de la barra (2) que se muestra a continuación:

$$y_4(x) = \frac{1}{EI_z}\left[\frac{-25}{2}x^2 + 71{,}175x - 43{,}1667\right]\ 6m \le x \le 7{,}5m$$

El voladizo se sitúa a una coordenada x=7,5m, quedando finalmente como:

$$y_4(x = 7{,}5m) = \frac{1}{EI_z}\left[\frac{-25}{2}7{,}5^2 + 71{,}175 \cdot 7{,}5 - 43{,}1667\right]$$

$$y_{Voladizo} = \frac{-212{,}4792}{EI_z}$$

$$y_{\text{Voladizo}} = \frac{-212{,}4792 \cdot \text{kNm}^3 \cdot \frac{10^3 \text{N}}{1\,\text{kN}}}{210 \cdot 10^9 \frac{\text{N}}{\text{m}^2} \cdot 15.510{,}779 \cdot 10^{-8} \text{m}^4}$$

$$y_{\text{Voladizo}} = y_D = -6,5\text{mm}$$

8. DEFORMADA ESTIMA

Finalmente, en esta sección se representa de forma gráfica la deformada estima que adquiere la estructura analizada en función del sistema de cargas externo evaluado es la siguiente.

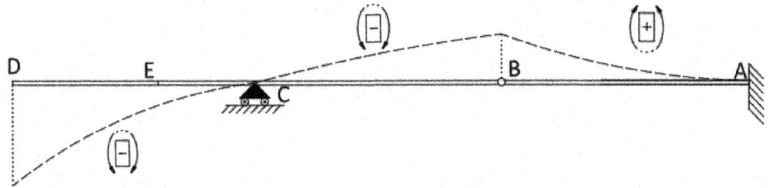

PROBLEMA 7

La siguiente estructura se encuentra formada por cinco barras. La estructura se encuentra vinculada con el exterior a través de dos apoyos. Un apoyo articulado fijo en el Nudo A, y un apoyo articulado móvil en el Nudo F. Para el tramo AB de la barra (1) existe una carga uniformemente distribuida de valor 5 kN/m. En el tramo BD de las barras (2) y (3) existe una carga uniformemente distribuida gravitatoria de 20 kN/m. En el Nudo E de la barra (4) existe una carga puntual de valor 10 kN. Todas las barras son del mismo material (Acero S450; E=210 GPa) y en el diseño se aplica un coeficiente de seguridad de Y=1,05.

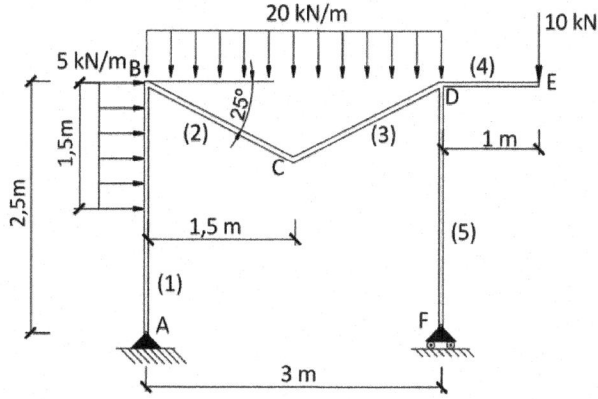

Para la estructura anterior se pide:

1. Cálculo del Grado de Hiperestaticidad de la estructura.
2. Cálculo de las reacciones de la estructura.
3. Cálculo de los esfuerzos internos de la estructura.
4. Representar gráficamente los diagramas de esfuerzos internos (Axiles, Cortantes y Momentos Flectores) de la estructura.
5. Dimensionar según el criterio de Von Mises y utilizar los perfiles metálicos UPN.
6. Cálculo del desplazamiento vertical en el Nudo E. Aplicar el Método de la Carga Unitaria.
7. Cálculo del giro en el Nudo E. Aplicar el Método de la Carga Unitaria.
8. Representación de la deformada estima.

1. GRADO DE HIPERESTATICIDAD

El primer paso es determinar el grado hiperestático que tiene la estructura. Para ello a las incógnitas en reacciones (R), le restamos las ecuaciones de equilibrio (E) más el número de rótulas (r), este último valor indica el número de ecuaciones que disponemos. De esta forma para alcanzar un grado de hiperestático 0, permite disponer de tantas ecuaciones como incógnitas:

$$GH = R - [E + r]$$

En este caso contamos con un apoyo articulado móvil (Nudo F), un apoyo articulado fijo (Nudo A) y ninguna rótula, por lo tanto, tenemos 3 reacciones.

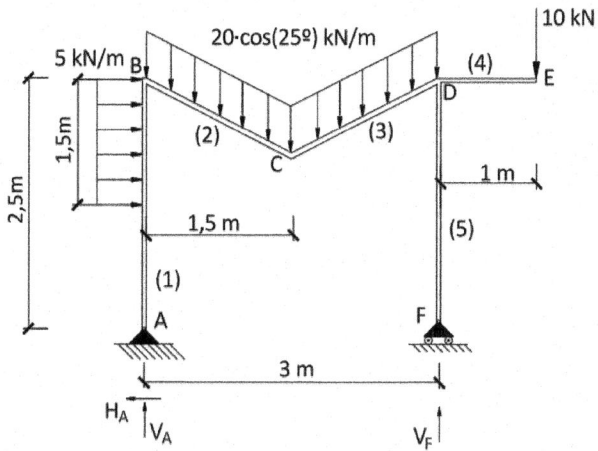

Conocido es que en el plano podemos plantear 3 ecuaciones de equilibrio, a las que podemos añadir tantas ecuaciones como rótulas dispongamos. Así, de este modo, para la estructura de la figura, el grado hiperestático es:

$$GH = 3 - [3 + 0] = 0$$

Al obtener un grado hiperestático 0 significa que es isostático, o lo que es lo mismo, con las ecuaciones de equilibrio se puede calcular las reacciones de los apoyos.

2. CALCULO DE LAS REACCIONES

En primer lugar, se aplica las ecuaciones de equilibrio, teniendo en cuenta las reacciones y el sistema de cargas aplicado:

Sumatorio de fuerzas horizontales igual a 0. En este caso el sistema de cargas aplicado a la estructura será la carga uniformemente distribuida.

$$\Sigma F_H = 0;$$

$$H_A - 5 \cdot 1{,}5m = 0$$

$$\boldsymbol{H_A = 7,5 \ kN}$$

Sumatorio de fuerzas verticales igual a 0. En este caso el sistema de cargas aplicado a la estructura aporta la carga uniformemente distribuida y la carga puntual.

$$\Sigma F_V = 0$$

$$V_A + V_F - \frac{20}{\cos(25º)} \cdot \frac{1{,}5}{\cos(25º)} \cdot 2 - 10 = 0 \ (\text{Ec. 1})$$

$$V_A + V_C = 83{,}046 \ \text{kN} \ (\text{Ec. 1})$$

Sumatorio de momentos flectores respecto al punto A igual a 0. En este caso tomamos como positivos los momentos antihorarios (eje Z). Tanto las reacciones como el sistema de cargas se valoran aplicando su brazo de palanca desde el punto seleccionado.

$$\Sigma M_A = 0$$

$$V_F \cdot 3 - 10 \cdot (3 + 1) - 5 \cdot 1{,}5 \cdot \left(2{,}5 - \frac{1{,}5}{2}\right) - \frac{20}{\cos(25º)} \cdot \frac{1{,}5}{\cos(25º)} \cdot 0{,}75$$

$$- \frac{20}{\cos(25º)} \cdot \frac{1{,}5}{\cos(25º)} \cdot (1{,}5 + 0{,}75) = 0$$

$$\boldsymbol{V_F = 54,23 \ kN}$$

Si sustituimos V_F en la Ec.1 tenemos:

$$V_A + V_C = 83{,}046 \ \text{kN} \ (\text{Ec. 1})$$

$$\boldsymbol{V_A = 28,82 \ kN}$$

3. CORTES. CÁLCULO DE ESFUERZOS INTERNOS

Ahora siendo conocidos los valores de las reacciones, realizamos los cortes necesarios para analizar los esfuerzos que se producen a lo largo de toda la estructura. En este caso:

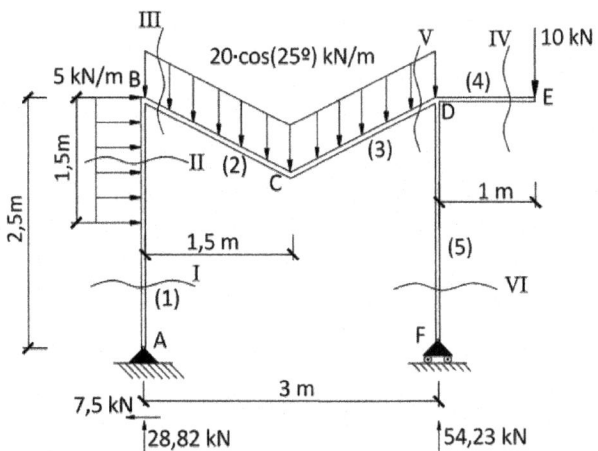

Como podemos observar en la figura realizaremos seis cortes; dos entre los nudos A-B en la barra (1); uno entre los nudos B-C de la barra (2), uno entre C-D en la barra (3); otro entre los nudos F-D de la barra (5) y finalmente uno entre los nudos D-E de la barra (4). Esto nos permitirá identificar los esfuerzos internos en función de la directriz de la barra (denominada como variable "x") y así poder obtener los resultados para cada sección de la estructura.

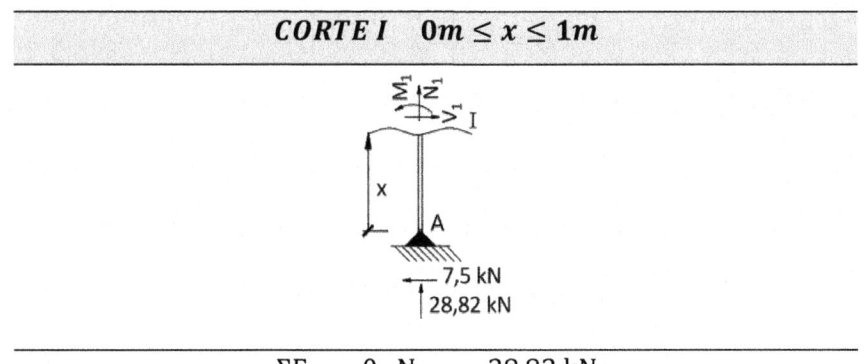

CORTE I $0m \leq x \leq 1m$

$$\Sigma F_H = 0; \ N_1 = -28{,}82 \ kN$$

$$\Sigma F_V = 0; \ V_1 = 7,5 \text{ kN}$$

$$\Sigma M_S = 0$$

$$M_1 = 7,5x$$

Sustitución en los límites del intervalo:

$$M_1 = 0 \text{ kNm } (x = 0\text{m})$$

$$M_1 = 7,5 \text{ kNm } (x = 1\text{m})$$

CORTE II $1m \leq x \leq 2,5m$

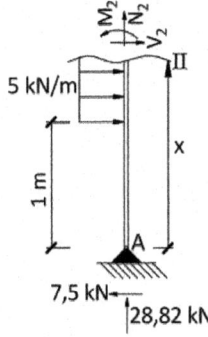

$$\Sigma F_H = 0; \ N_2 = -28,82 \text{ kN}$$

$$\Sigma F_V = 0; \ V_2 = -5(x - 1) + 7,5$$

Sustitución en los límites del intervalo:

$$V_2 = 7,5 \text{ kN } (x = 1\text{m})$$

$$V_2 = 0 \text{ kN } (x = 2,5\text{m})$$

$$\Sigma M_S = 0$$

$$M_2 = 7,5x - 5(x - 1)\frac{(x - 1)}{2}$$

Sustitución en los límites del intervalo:

$$M_2 = 7,5 \text{ kNm } (x = 1\text{m})$$

$$M_2 = 13,125 \text{ kNm } (x = 2,5\text{m})$$

CORTE III $0m \leq x \leq 1,66m$

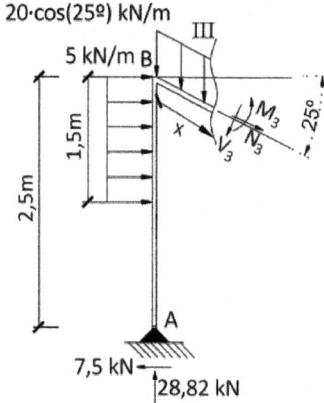

$$\Sigma F_H = 0; \ N_3 = 28,82 \cdot sen(25^\circ) - \frac{20}{cos\,(25^\circ)} \cdot cos(65^\circ)\,x$$

$$N_3 = 28,82 \cdot sen(25^\circ) - \frac{20}{cos(25^\circ)} \cdot cos(65^\circ)\,x = 0 \rightarrow x = 1,30m$$

Sustitución en los límites del intervalo:

$$N_3 = 12,18 \text{ kN } (x = 0m)$$

$$N_3 = 0 \text{ kN } (x = 1,3m)$$

$$N_3 = -3,30 \text{ kN } (x = 1,66m)$$

$$\Sigma F_V = 0$$

$$V_3 = 28,82 \cdot cos(25^\circ) - \frac{20}{cos(25^\circ)} \cdot sen(65^\circ)\,x$$

$$V_3 = 28,82 \cdot cos(25^\circ) - \frac{20}{cos(25^\circ)} \cdot sen(65^\circ)\,x = 0 \rightarrow x = 1,30m$$

Sustitución en los límites del intervalo:

$$V_3 = 26,11 \text{ kN } (x = 0m)$$

$$V_3 = 0 \text{ kN } (x = 1,3 \text{ m})$$

$$V_3 = -7 \text{ kN } (x = 1,66m)$$

$$\Sigma M_S = 0$$

$$M_3 = 28,82 \cdot \cos(25^\circ)\, x - \frac{20}{\cos(25^\circ)} \cdot \text{sen}(65^\circ) \cdot \frac{x^2}{2} +$$

$$+7,5 \cdot \left(2,5 - x \cdot \text{sen}(25^\circ)\right) - 5 \cdot 1,5 \cdot \left(\frac{1,5}{2} - x \cdot \text{sen}(25^\circ)\right)$$

$$M_3 = -10x^2 + 25,6303x + 13,125$$

Sustitución en los límites del intervalo:

$$M_3 = 13,125 \text{ kNm } (x = 0m)$$

$$M_3 = 28,92 \text{ kNm } (x = 1,66m)$$

CORTE IV $0m \leq x \leq 1m$

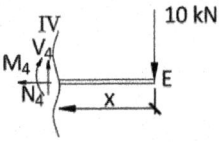

$$\Sigma F_H = 0; \ N_4 = 0 \text{ kN}$$

$$\Sigma F_V = 0; \ V_4 = 10 \text{ kN}$$

$$\Sigma M_S = 0$$

$$M_4 = -10x$$

Sustitución en los límites del intervalo:

$$M_4 = 0 \text{ kNm } (x = 0m)$$

$$M_4 = -10 \text{ kNm } (x = 1m)$$

CORTE V $0m \leq x \leq 1,66m$

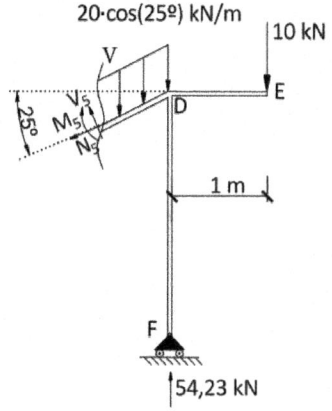

$$\Sigma F_H = 0$$

$$N_5 = -10\cos(65º) + 54{,}23\cos(65º) - \frac{20}{\cos(25º)}\cos(65º)\,x$$

Sustitución en los límites del intervalo:

$$N_5 = 18{,}69 \text{ kN } (x = 0m)$$

$$N_5 = 3{,}30 \text{ kN } (x = 1{,}66m)$$

$$\Sigma F_V = 0$$

$$V_5 = 10 \cdot \text{sen}65º - 54{,}23 \cdot \text{sen}65º + \frac{20}{\cos(25º)}\text{sen}(65º)\,x$$

Sustitución en los límites del intervalo:

$$V_5 = -40{,}09 \text{ kN } (x = 0m)$$

$$V_5 = -6{,}69 \text{ kN } (x = 1{,}66m)$$

$$\Sigma M_S = 0$$

$$M_5 = -10 \cdot \left(1 + x\cos(25º)\right) + 54{,}23 \cdot \left(x \cdot \cos(25º)\right)$$

$$-\frac{20}{\cos(25º)} \cdot \text{sen}(65º) \cdot \frac{x^2}{2}$$

$$M_5 = -10x^2 + 40{,}086x - 10$$

$$M_5 = 0 = -10x^2 + 40{,}086x - 10x \rightarrow x = 0{,}27 \text{ m}$$

Sustitución en los límites del intervalo:

$$M_5 = -10 \text{ kNm } (x = 0m)$$

$$M_5 = 0 \text{ kNm } (x = 0,27m)$$

$$M_5 = 28,92 \text{ kNm } (x = 1,66m)$$

CORTE VI $0m \leq x \leq 2,5m$

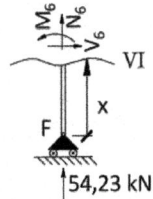

$$\Sigma F_H = 0; \ N_6 = -54,23 \text{ kN}$$

$$\Sigma F_V = 0; \ V_6 = 0 \text{ kN}$$

$$\Sigma M_S = 0; \ M_6 = 0 \text{ kNm}$$

4. DIAGRAMAS DE ESFUERZOS

Una vez analizados los cortes, podemos representar gráficamente los diagramas de esfuerzos Axiles, Cortantes y Momentos Flectores. Se debe indicar que, para visualizar la existencia de esfuerzos en las barras, los diagramas no están escalados en función de sus valores.

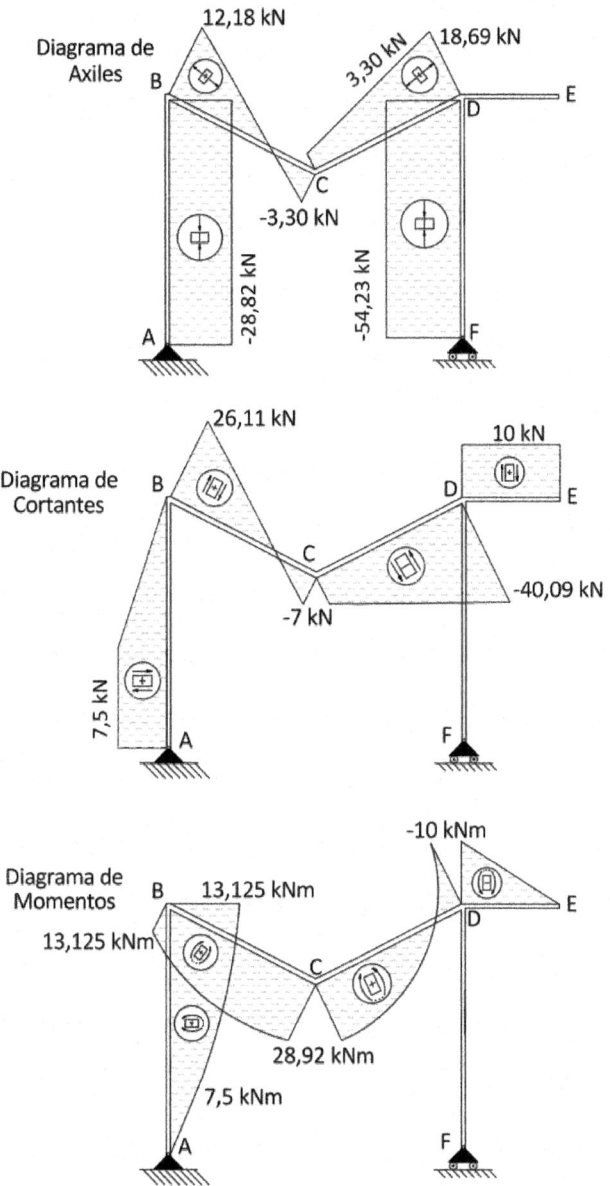

5. DISEÑO DE LAS BARRAS A RESISTENCIA

A la vista del diagrama se localiza la sección o secciones más solicitadas, es decir los puntos donde el Momento Flector, Cortante y Axil sean máximos. En este caso el Momento Flector máximo se da en la sección donde se encuentra el Nudo C de la barra (3) y su valor es: $|M_{max}|$ = 28,92 kNm y donde hay un esfuerzo cortante $|V|$ =7 kN, y un esfuerzo axil $|N|$ = 3,3 kN.

El valor de la tensión admisible será:

$$\sigma_{adm} = \frac{\sigma_{elástico}}{\Upsilon} = \frac{450\ \text{MPa}}{1,05} = 428,57\ \text{MPa}$$

Sección C Barra (3)

Según los esfuerzos internos que se observan en los diagramas, la sección más solicitada será la Sección C de la barra (3). Según la Ley de Navier y con el valor del momento flector máximo M_{max}, podemos calcular el módulo resistente de la sección:

$$W_z \geq \frac{M_{max}}{\sigma_{max}} = \frac{28,92\ \text{kNm} \cdot \frac{1000\text{mm}}{1\text{m}} \cdot \frac{1000\ \text{N}}{1\ \text{kN}}}{428,57\ \frac{\text{N}}{\text{mm}^2}} = 67.480,22\ \text{mm}^3 = 67,48\text{cm}^3$$

Con este valor calculado, vamos al prontuario de los perfiles y podemos seleccionar el perfil que tenga un valor mayor o igual al calculado. El primer perfil que cumple en este caso es un perfil **UPN 140**, cuyo módulo resistente tiene un valor de **W_z = 86,4 cm^3**.

Con el valor del módulo resistente real del perfil, calcularemos la tensión normal generada por el Momento Flector, que es de:

$$\sigma_x = \frac{M_z}{W_z} = \frac{28,92 \cdot 10^6\ \text{Nmm}}{86,4 \cdot 10^3\ \text{mm}^3} = 334,72\ \text{MPa} < \sigma_{adm} = 428,57\ \text{MPa}$$

Esta tensión normal será de tracción en la zona inferior y de compresión en la zona superior. Partiendo de este perfil ya podremos comprobar cada uno de los puntos de interés para lo que utilizaremos el Criterio de Fallo de **Von Mises**.

Sección intermedia Barra (3)

Según el criterio de **Von Mises**, la tensión equivalente tiene que ser siempre menor que la $\sigma_{admisible}$ del material y se calculará con la siguiente expresión:

$$\sigma_{equivalente} = \sqrt{\sigma_x^2 + 3\tau_{xy}^2}$$

La tensión normal será la debida al esfuerzo normal y al momento flector, por lo que la tensión normal será:

$$\sigma_x = \frac{N}{A} + \frac{M_z}{W_z} = \frac{3,3 \cdot 10^3 \text{ N}}{20,4 \cdot 10^2 \text{ mm}^2} + \frac{28,92 \cdot 10^6 \text{ Nmm}}{86,4 \cdot 10^3 \text{ mm}^3} = \mathbf{336,34 \text{ MPa}}$$

En la sección también tenemos esfuerzo cortante de valor V=7 kN y las tensiones cortantes producidas por ese esfuerzo se calcularán mediante la **Ley de Colignon**:

$$\tau_{xy} = \frac{V \cdot m_z}{e \cdot I_z}$$

El momento estático, el espesor y el momento de inercia del perfil los obtendremos del prontuario:

$$\tau_{xy} = \frac{V \cdot m_z}{e \cdot I_z} = \frac{7 \cdot 10^3 \text{N} \cdot 51,4 \text{ cm}^3 \cdot \frac{1000 \text{ mm}^3}{\text{cm}^3}}{7 \text{ mm} \cdot 605 \cdot 10^4 \text{ mm}^4} = \mathbf{8,49 \text{ MPa}}$$

Por lo tanto, la tensión equivalente según Von Mises es:

$$\sigma_{eq} = \sqrt{\sigma_x^2 + 3\tau_{xy}^2} = \sqrt{336,34^2 + 3 \cdot 8,49^2}$$

$$\mathbf{336,66 \text{ MPa}} < \sigma_{adm} = \mathbf{428,57 \text{ MPa}}$$

Como $\sigma_{eq} < \sigma_{adm}$ lo que indica que el perfil (**UPN 140**) escogido cumple sin problemas. Para este ejercicio, y como se ha calculado en la barra (3) donde se localiza la sección más crítica y el perfil adecuado es el UPN 140. El resto de las barras se configuran con el mismo perfil, ya que al estar sometidas a unas solicitaciones de menor valor su resistencia queda comprobada.

6. CÁLCULO DEL DESPLAZAMIENTO VERTICAL EN EL NUDO E

En este apartado se calculará el desplazamiento vertical y giro en el Nudo E a través del método de la carga unitaria ampliamente utilizado en la Resistencia de Materiales. La ejecución de este método de deformaciones implica una serie de pasos intermedios los cuales se irán desarrollando de forma consecutiva.

1. Aplicación de la carga unitaria ficticia

El primer paso que se debe abordar es sobre la estructura sin cargas externas, la aplicación de una carga puntual ficticia en el punto donde se quiere calcular el desplazamiento. En el caso del ejercicio, es la deformación vertical en el Nudo E. Por lo que la configuración que adquiere la estructura será la siguiente:

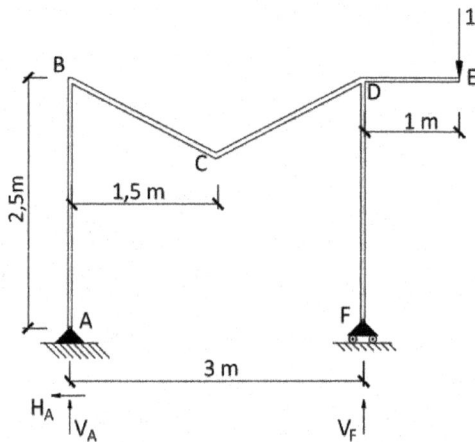

2. Cálculo de las reacciones y leyes de momentos

Para esta nueva configuración estructural y sin tener en cuenta las cargas externas, se deberá proceder a calcular las reacciones ficticias con el objetivo de definir nuevamente las leyes de momentos de la nueva configuración estructural. Por lo que el cálculo de las reacciones quedará de la forma:

Sumatorio de fuerzas horizontales igual a 0.

$$\Sigma F_H = 0 \rightarrow H_A = 0$$

Sumatorio de fuerzas verticales igual a 0.

$$\Sigma F_V = 0$$

$$V_A + V_F - 1 = 0$$

$$V_A + V_F = 1 \ (\text{Ec. 1})$$

Sumatorio de momentos flectores respecto al punto A igual a 0.

$$\Sigma M_A = 0$$

$$V_F \cdot 3m - 1 \cdot (3 + 1)m = 0$$

$$V_F = \frac{4}{3}$$

Si sustituimos V_F en la Ec.1 tenemos:

$$V_A + V_F = 1 \ (\text{Ec. 1})$$

$$V_A = \frac{-1}{3}$$

Calculadas las reacciones de la nueva configuración, se procede a realizar los cortes teniendo en cuenta la misma distribución previamente planteada. El objetivo se trata de mantener constante la distribución de la variable "x". En este caso y como se observa en la siguiente figura, el número de cortes necesarios se reduce únicamente a cinco.

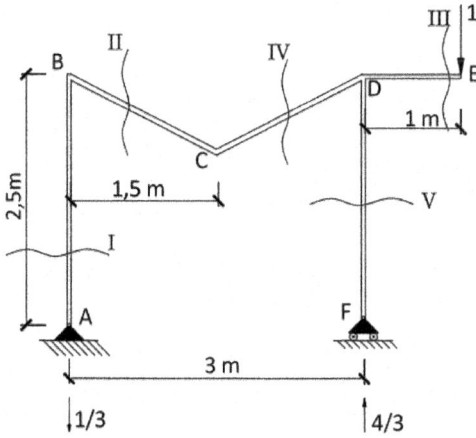

CORTE I $\quad 0 \le x \le 2,5m$

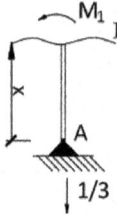

$$\Sigma M_S = 0; \; M_1 = 0 \text{ m}$$

CORTE II $\quad 0 \le x \le 1,66m$

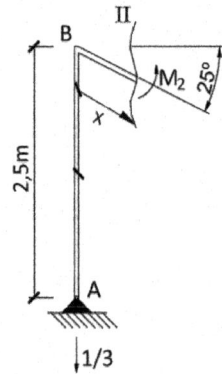

$$\Sigma M_S = 0; \; M_2 = \frac{-1}{3} \cdot x \cdot \cos(25^\circ) \text{ m} = -0{,}302x$$

CORTE III $\quad 0m \le x \le 1m$

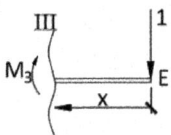

$$\Sigma M_S = 0; \; M_3 = -1 \text{ m}$$

CORTE IV $0m \leq x \leq 1,66m$

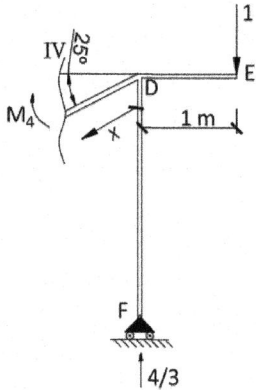

$$\Sigma M_S = 0; \ M_4 = -1\big(1 + x \cdot \cos(25^\circ)\big) + \frac{4}{3} \cdot x \cdot \cos(25^\circ)$$

$$M_4 = 0,302x - 1$$

CORTE V $0m \leq x \leq 2,5m$

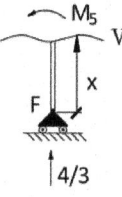

$$\Sigma M_S = 0; \ M_5 = 0 \ m$$

3. Aplicación del Teorema de la Carga Unitaria

Una vez que se conocen las leyes de momentos para el estado de cargas externas (estado original de cargas), y las respectivas leyes de momentos que son originadas a consecuencia de la carga puntual ficticia, se deberá aplicar la formulación que corresponde con el teorema de la carga unitaria, cuya expresión es la siguiente:

$$\delta = \sum_{i=1}^{n} \int_0^L \frac{M_0(x) \cdot M_1(x)}{EI_z} dx$$

Donde:

M_0: Se corresponden con las leyes de momentos de la estructura bajo el estado original de cargas externas.

M_1: Se corresponden con las leyes de momentos de la estructura bajo el estado de carga unitaria o ficticia.

EI_z: Rigidez relativa de la barra. Esta rigidez puede ir variando a lo largo de la estructura si la barra se encuentra formada por diferentes perfiles metálicos, por lo tanto, se corresponderán diferentes valores de inercias. Para el caso de esta estructura y como se ha planteado en la sección de diseño a deformación, esta estructura se configura con todas las barras a través de un UPN 140. Y el Módulo de Elasticidad o de Young asumiendo un valor promedio de 210 GPa. Por lo que la rigidez relativa será constante para todos los tramos.

- **Desplazamiento vertical Nudo E**

La deformación vertical en el Nudo E quedará de la forma:

$$\delta = \sum_{i=1}^{n} \int_0^L \frac{M_0(x) \cdot M_1(x)}{EI_z} dx$$

$$(\delta_V)_E = \int_{0m}^{1m} \frac{(7,5x) \cdot (0)}{EI_z} dx + \int_{1m}^{2,5m} \frac{\left[7,5x - 5(x-1)\frac{(x-1)}{2}\right] \cdot (0)}{EI_z} dx +$$

$$+ \int_{0m}^{1,66m} \frac{(-10x^2 + 25,6303x + 13,125) \cdot (-0,302x)}{EI_z} dx +$$

$$+ \int_{0m}^{1m} \frac{-10x \cdot (-1)}{EI_z} dx + \int_{0m}^{1,66m} \frac{(-10x^2 + 40,086x - 10) \cdot (0,302x - 1)}{EI_z} dx +$$

$$+ \int_{0m}^{2,5m} \frac{(0) \cdot (0)}{EI_z} \, dx$$

$$(\delta_V)_E = \frac{-21,34850005}{EI_z}$$

$$(\delta_V)_E = \frac{-21,34850005 \cdot 10^3 \, Nm^3}{210 \cdot 10^9 \, \frac{N}{m^2} \cdot 605 \cdot 10^{-8} m^4}$$

$$(\delta_V)_E = -16,80 \text{ mm}$$

Hay que destacar que el resultado es negativo, lo que demuestra que la dirección planteada inicialmente para la carga unitaria es incorrecta y esta tiene sentido contrario.

7. CÁLCULO DEL GIRO EN EL NUDO E

Para el cálculo del giro, se sigue el mismo procedimiento que el aplicado para el cálculo del desplazamiento vertical en E, con la diferencia que ahora se coloca un momento puntual unitario en E, por lo que la nueva configuración sobre la que trabajar será la siguiente:

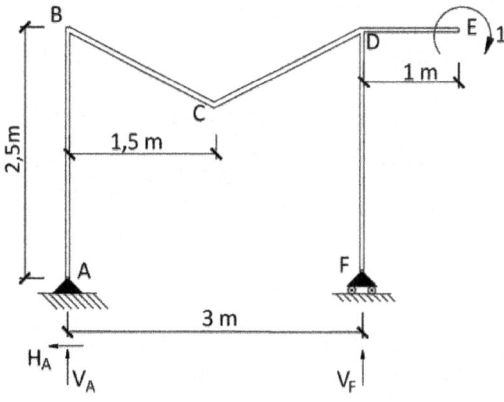

1. Cálculo de las reacciones y leyes de momentos

Para esta nueva configuración estructural y sin tener en cuenta las cargas externas, se deberá proceder a calcular las reacciones ficticias con el objetivo de definir nuevamente las leyes de momentos de la nueva configuración estructural. Por lo que el cálculo de las reacciones quedará de la forma:

Sumatorio de fuerzas horizontales igual a 0.

$$\Sigma F_H = 0 \rightarrow \mathbf{H_A = 0}$$

Sumatorio de fuerzas verticales igual a 0.

$$\Sigma F_V = 0$$

$$V_A + V_F = 0 \ (\text{Ec. } 1)$$

Sumatorio de momentos flectores respecto al punto A igual a 0.

$$\Sigma M_A = 0$$

$$V_F \cdot 3\text{m} - 1 = 0 \rightarrow \mathbf{V_F = \frac{1}{3}}$$

Si sustituimos V_F en la Ec.1 tenemos:

$$\mathbf{V_A = \frac{-1}{3}}$$

Calculadas las reacciones de la nueva configuración, se procede a realizar los cortes teniendo en cuenta la misma distribución previamente planteada. El objetivo se trata de mantener constante la distribución de la variable "x". En este caso y como se observa en la siguiente figura, el número de cortes necesarios es de V.

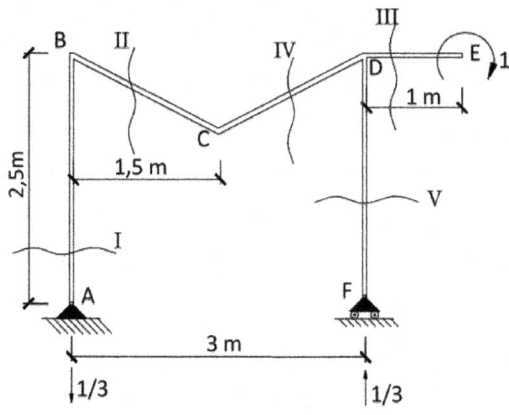

CORTE I	$0 \leq x \leq 2,5m$

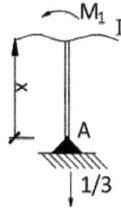

$$\Sigma M_S = 0; \ M_1 = 0$$

CORTE II	$0 \leq x \leq 1,66m$

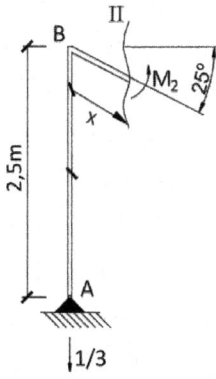

$$\Sigma M_S = 0; \ M_2 = \frac{-1}{3} \cdot x \cdot \cos(25º) \ m = -0{,}302x$$

CORTE III $0m \leq x \leq 1m$

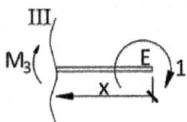

$$\Sigma M_S = 0; \ M_3 = -1$$

CORTE IV $0m \leq x \leq 1,66m$

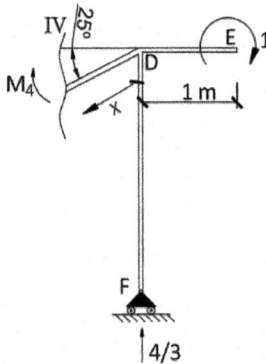

$$\Sigma M_S = 0; \ M_4 = -1 + \frac{1}{3} \cdot x \cdot \cos(25º) = 0{,}302x - 1$$

CORTE V $0m \leq x \leq 2,5m$

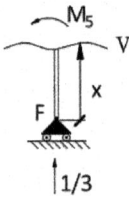

$$\Sigma M_S = 0; \ M_5 = 0$$

2. Aplicación del Teorema de la Carga Unitaria

Una vez que se conocen las leyes de momentos para el estado de cargas externas (estado original de cargas), y las respectivas leyes de momentos que son originadas a consecuencia de la carga puntual unitaria, se deberá aplicar la formulación que corresponde con el teorema de la carga unitaria, cuya expresión es la siguiente:

$$\theta = \sum_{i=1}^{n} \int_{0}^{L} \frac{M_0(x) \cdot M_1(x)}{EI_z} dx$$

Donde:

M_0: Se corresponden con las leyes de momentos de la estructura bajo el estado original de cargas externas.

M_1: Se corresponden con las leyes de momentos de la estructura bajo el estado de carga unitaria o ficticia.

EI_z: Rigidez relativa de la barra. Esta rigidez puede ir variando a lo largo de la estructura si la barra se encuentra formada por diferentes perfiles metálicos, por lo tanto, se corresponderán diferentes valores de inercias. Para el caso de esta estructura y como se ha planteado en la sección de diseño a deformación, esta estructura se configura con todas las barras a través de un UPN 140. Y el Módulo de Elasticidad o de Young asumiendo un valor promedio de 210 GPa. Por lo que la rigidez relativa será constante para todos los tramos.

Giro en el Nudo E

El giro en el Nudo E quedará de la forma:

$$\theta = \sum_{i=1}^{n} \int_{0}^{L} \frac{M_0(x) \cdot M_1(x)}{EI_z} dx$$

$$(\theta)_E = \int_{0m}^{1m} \frac{(7{,}5x) \cdot (0)}{EI_z} dx + \int_{1m}^{2{,}5m} \frac{\left[7{,}5x - 5(x-1)\frac{(x-1)}{2}\right] \cdot (0)}{EI_z} dx +$$

$$+ \int_{0m}^{1{,}66m} \frac{(-10x^2 + 25{,}6303x + 13{,}125) \cdot \left(\frac{-1}{3} \cdot x \cdot \cos(25º)\right)}{EI_z} dx +$$

$$+ \int_{0m}^{1m} \frac{-10x \cdot (-1)}{EI_z} dx +$$

$$+ \int_{0m}^{1{,}66m} \frac{[-10x^2 + 40{,}086x - 10] \cdot \left[-1 + \frac{1}{3} \cdot x \cdot \cos(25º)\right]}{EI_z} dx +$$

$$+ \int_{0m}^{2{,}5m} \frac{(0) \cdot (0)}{EI_z} dx$$

$$(\theta)_E = \frac{-21{,}34950754}{EI_z}$$

$$(\theta)_E = \frac{-21{,}34950754 \cdot 10^3 Nm^3}{210 \cdot 10^9 \frac{N}{m^2} \cdot 605 \cdot 10^{-8} m^4} = -0{,}016804 \text{ rad}$$

$$(\theta)_E = -16{,}804 \text{ mrad}$$

Hay que destacar que el resultado es negativo, lo que demuestra que la dirección planteada inicialmente para la carga unitaria es incorrecta y esta tiene sentido contrario.

8. DEFORMADA ESTIMA

Finalmente, en esta sección se representa de forma gráfica la deformada estima que adquiere la estructura analizada en función del sistema de cargas externo evaluado es la siguiente:

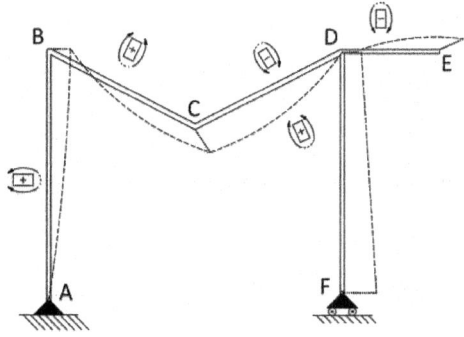

PROBLEMA 8

La siguiente estructura se encuentra formada por dos barras. En el Nudo F existe una rótula. La estructura se encuentra vinculada con el exterior a través de tres apoyos. Un apoyo articulado fijo en el Nudo A, y dos apoyos articulados móviles (Nudo D, Nudo G). Para la barra (1) existen varios tipos de cargas. Una carga puntual de valor 50 kN en el punto B y un momento puntual de valor 15 kNm en el punto C. También en el Nudo D se evidencia una carga puntual horizontal de valor 20 kN. Para la barra (2) se identifican una carga puntual de valor 20 kN en el punto E, y una carga uniformemente distribuida de valor 5 kN/m en el tramo FG. Y finalmente en el Nudo G una carga puntual horizontal de valor 10 kN. Todas las barras son del mismo material (Acero S355; E=210 GPa) y en el diseño se aplica un coeficiente de seguridad de Y=1,20.

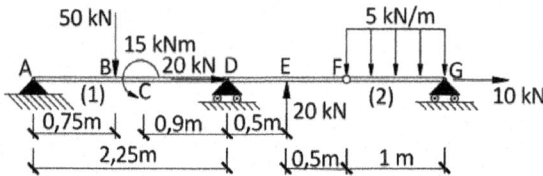

Para la estructura anterior se pide:

1. Cálculo del Grado de Hiperestaticidad de la estructura.
2. Cálculo de las reacciones de la estructura.
3. Cálculo de los esfuerzos internos de la estructura.
4. Representar gráficamente los diagramas de esfuerzos internos (Axiles, Cortantes y Momentos Flectores) de la estructura.
5. Dimensionar según el criterio de Von Mises y utilizar los perfiles metálicos IPE.
6. Cálculo del giro en el Nudo D. Aplicar los Teoremas de Mohr.
7. Cálculo de la flecha (deformación máxima) para la barra 1. Aplicar los Teoremas de Mohr.
8. Representación de la deformada estima.

1. GRADO DE HIPERESTATICIDAD

El primer paso es determinar el grado hiperestático que tiene la estructura. Para ello a las incógnitas en reacciones (R), le restamos las ecuaciones de equilibrio (E) más el número de rótulas (r), este último valor indica el número de ecuaciones que disponemos. De esta forma para alcanzar un grado de hiperestático 0, permite disponer de tantas ecuaciones como incógnitas:

$$GH = R - [E + r]$$

En este caso contamos con dos apoyos articulados móviles (Nudo D, Nudo G) y un apoyo articulado fijo (Nudo A), por lo tanto, tenemos 4 reacciones. Además, la estructura incorpora una rótula en el Nudo F.

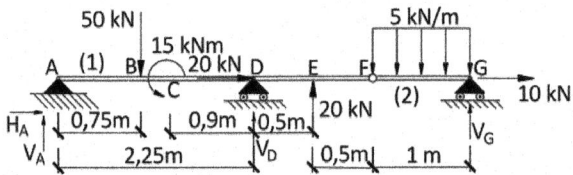

Conocido es que en el plano podemos plantear 3 ecuaciones de equilibrio, a las que podemos añadir tantas ecuaciones como rótulas dispongamos. Así, de este modo, para la estructura de la figura, el grado hiperestático es:

$$GH = 4 - [3 + 1] = 0$$

Al obtener un grado hiperestático 0 significa que es isostático, o lo que es lo mismo, con las ecuaciones de equilibrio se puede calcular las reacciones de los apoyos.

2. CALCULO DE LAS REACCIONES

En primer lugar, se aplica las ecuaciones de equilibrio, teniendo en cuenta las reacciones y el sistema de cargas aplicado:

Sumatorio de fuerzas horizontales igual a 0. En este caso el sistema de cargas aplicado a la estructura son las propias cargas puntuales.

$$\Sigma F_H = 0;$$

$$H_A + 20 + 10 = 0$$

$$\mathbf{H_A = -30\ kN}$$

Sumatorio de fuerzas verticales igual a 0. En este caso el sistema de cargas aplicado a la estructura aporta la carga uniformemente distribuida y las cargas puntuales.

$$\Sigma F_V = 0$$

$$V_A + V_D + V_G - 50 + 20 - 5 \cdot 1 = 0$$

$$V_A + V_D + V_G = 35 \text{ kN (Ec. 1)}$$

Sumatorio de momentos flectores respecto al punto A igual a 0. En este caso tomamos como positivos los momentos antihorarios (eje Z). Tanto las reacciones como el sistema de cargas se valoran aplicando su brazo de palanca desde el punto seleccionado.

$$\Sigma M_A = 0$$

$$V_D \cdot 2{,}25 + V_G \cdot 4{,}25 - 50 \cdot 0{,}75 + 15 +$$

$$+20 \cdot 2{,}75 - 5 \cdot 1 \cdot 3{,}75 = 0$$

$$2{,}25 V_D + 4{,}25 V_G = -13{,}75 \text{ kNm (Ec. 2)}$$

En este caso la estructura presenta una rótula en el Nudo F, por lo tanto, podemos plantear una nueva ecuación de equilibrio, se debe cumplir en la situación de equilibrio, que el momento en ese Nudo F debe ser nulo. Podemos realizar un corte en ese punto y plantear el equilibrio al resto de la estructura por izquierda o por la derecha de la rótula. En este caso tomamos la subestructura de la derecha como se muestra en la figura, igualando el momento a cero:

$$\Sigma M_{F \text{ derecha}} = 0$$

$$V_G \cdot 1 - 5 \cdot 1 \cdot 0{,}5 = 0$$

$$\mathbf{V_G = 2{,}5 \text{ kN}}$$

Si sustituimos V_G en la Ec.2 tenemos:

$$2{,}25V_D + 4{,}25V_G = -13{,}75 \text{ kNm (Ec. 2)}$$

$$\mathbf{V_D = -10{,}833 \text{ kN}}$$

Y con la Ec.1, se resuelve el sistema de ecuaciones:

$$V_A + V_D + V_G = 35 \text{ kN (Ec. 1)}$$

$$\mathbf{V_A = 43{,}33 \text{ kN}}$$

3. CORTES. CÁLCULO DE ESFUERZOS INTERNOS

Ahora siendo conocidos los valores de las reacciones, realizamos los cortes necesarios para analizar los esfuerzos que se producen a lo largo de toda la estructura. En este caso:

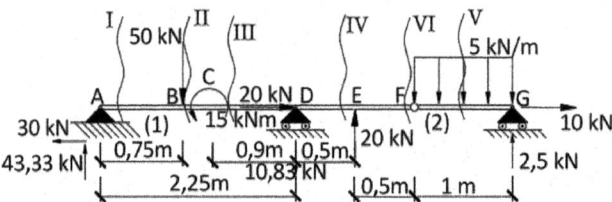

Como podemos observar en la figura realizaremos seis cortes; tres entre los nudos A-D en la barra (1); dos entre los nudos D-F de la barra (2), uno entre F-G en la barra (2). Esto nos permitirá identificar los esfuerzos internos en función de la directriz de la barra (denominada como variable "x") y así poder obtener los resultados para cada sección de la estructura.

CORTE I	$0m \leq x \leq 0{,}75m$

$\Sigma F_H = 0; \; N_1 = 30 \text{ kN}$

$\Sigma F_V = 0; \; V_1 = 43{,}33 \text{ kN}$

$$\Sigma M_S = 0; \ M_1 = 43{,}33x$$

Sustitución en los límites del intervalo:

$$M_1 = 0 \text{ kNm } (x = 0m)$$

$$M_1 = 32{,}49 \text{ kNm } (x = 0{,}75m)$$

CORTE II $\qquad 0{,}75m \leq x \leq 1{,}35m$

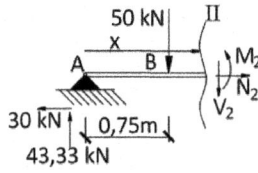

$$\Sigma F_H = 0; \ N_2 = 30 \text{ kN}$$

$$\Sigma F_V = 0; \ V_2 = -6{,}67 \text{ kN}$$

$$\Sigma M_S = 0$$

$$M_2 = 43{,}33x - 50(x - 0{,}75)$$

$$M_2 = -6{,}67x + 37{,}5$$

Sustitución en los límites del intervalo:

$$M_2 = 32{,}49 \text{ kNm } (x = 0{,}75m)$$

$$M_2 = 28{,}49 \text{ kNm } (x = 1{,}35m)$$

CORTE III $\qquad 1{,}35m \leq x \leq 2{,}25m$

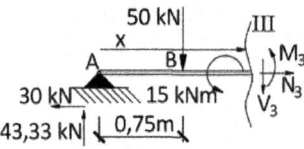

$$\Sigma F_H = 0; \ N_3 = 30 \text{ kN}$$

$$\Sigma F_V = 0; \ V_3 = -6{,}67 \text{ kN}$$

$$\Sigma M_S = 0$$

$$M_3 = 43,33x - 50(x - 0,75) - 15$$

Sustitución en los límites del intervalo:

$$M_3 = 13,49 \text{ kNm (x = 1,35m)}$$

$$M_3 = 7,49 \text{ kNm (x = 2,25m)}$$

CORTE IV $2,25m \leq x \leq 2,75m$

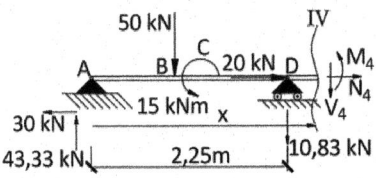

$$\Sigma F_H = 0; \ N_4 = 10 \text{ kN}$$

$$\Sigma F_V = 0; \ V_4 = -17,5 \text{ kN}$$

$$\Sigma M_S = 0$$

$$M_4 = 43,33x - 50(x - 0,75) - 15 - 10,83(x - 2,25)$$

$$M_4 = -17,5x + 46,87 = 0 \rightarrow x = 2,68$$

Sustitución en los límites del intervalo:

$$M_4 = 7,49 \text{ kNm (x = 2,25m)}$$

$$M_4 = 0 \text{ kNm (x = 2,68m)}$$

$$M_4 = -1,25 \text{ kNm (x = 2,75m)}$$

CORTE V $0m \leq x \leq 1m$

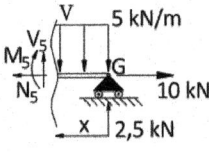

$$\Sigma F_H = 0; \ N_5 = 10 \text{ kN}$$

$$\Sigma F_V = 0; \ V_5 = -2,5 + 5x$$

$$V_5 = -2,5 + 5x = 0 \rightarrow x = 0,5m$$

Sustitución en los límites del intervalo:

$$V_5 = -2,5 \text{ kN } (x = 0m)$$

$$V_5 = 0 \text{ kN } (x = 0,5m)$$

$$V_5 = 2,5 \text{ kN } (x = 1m)$$

$$\Sigma M_S = 0$$

$$M_5 = -2,5x^2 + 2,5x$$

Sustitución en los límites del intervalo:

$$M_5 = 0 \text{ kNm } (x = 0m)$$

$$M_5 = 0,625 \text{ kNm } (x = 0,5m)$$

$$M_5 = 0 \text{ kNm } (x = 1m)$$

CORTE VI	$1m \leq x \leq 1,5m$

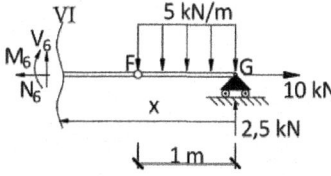

$$\Sigma F_H = 0; \ N_6 = 10 \text{ kN}$$

$$\Sigma F_V = 0; \ V_6 = -2,5 \text{ kN}$$

$$\Sigma M_S = 0$$

$$M_6 = -5(x - 0,5) + 2,5x = -2,5x + 2,5$$

Sustitución en los límites del intervalo:

$$M_6 = 0 \text{ kNm } (x = 1m)$$

$$M_6 = -1,25 \text{ kNm } (x = 1,5m)$$

4. DIAGRAMAS DE ESFUERZOS

Una vez analizados los cortes, podemos representar gráficamente los diagramas de esfuerzos Axiles, Cortantes y Momentos Flectores. Se debe indicar que, para visualizar la existencia de esfuerzos en las barras, los diagramas no están escalados en función de sus valores.

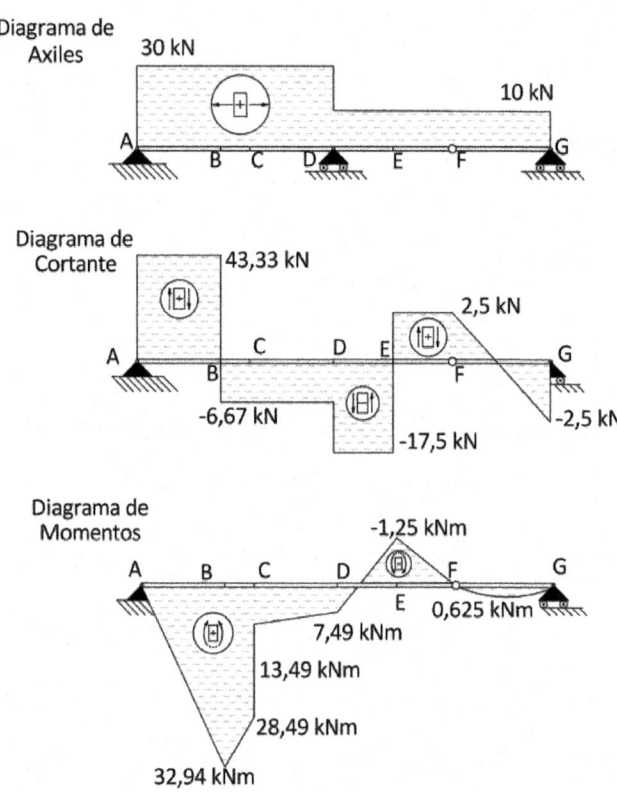

5. DISEÑO DE LAS BARRAS A RESISTENCIA

A diferencia de lo realizado en los problemas anteriores, donde se diseñaba a resistencia a partir de la barra más solicitada. En este problema, se diseñará de forma óptima la estructura, es decir, se impondrá para cada barra su perfil estructural con el mejor aprovechamiento a resistencia. Con el objetivo de no sobredimensionar la estructura y poder ahorrar en material de acero, se procede a la optimización de los perfiles estructurales. No obstante, lo que es común a todas las barras será su tensión admisible σ_{adm} del material el cual será el siguiente:

El valor de la tensión admisible será:

$$\sigma_{adm} = \frac{\sigma_{elástico}}{\Upsilon} = \frac{355 \, \text{MPa}}{1,20} = 295,83 \, \text{MPa}$$

Barra (1)

Según los esfuerzos internos que se observan en los diagramas, la sección más solicitada será la Sección B de la barra (1). Según la Ley de Navier y con el valor del momento flector máximo M_{max}, podemos calcular el módulo resistente de la sección: $|M| = 32,94 \, \text{kNm}$, $|V| = 43,33 \, \text{kN}$, y $|N| = 30 \, \text{kN}$.

$$W_z \geq \frac{M_{max}}{\sigma_{max}} = \frac{32,94 \, \text{kNm} \cdot \frac{1000 \text{mm}}{1 \text{m}} \cdot \frac{1000 \, \text{N}}{1 \, \text{kN}}}{295,83 \, \frac{\text{N}}{\text{mm}^2}} = 111.340,20 \, \text{mm}^3 = 111,340 \, \text{cm}^3$$

Con este valor calculado, vamos al prontuario de los perfiles y podemos seleccionar el perfil que tenga un valor mayor o igual al calculado. El primer perfil que cumple en este caso es un perfil **IPE 180**, cuyo módulo resistente tiene un valor de **$W_z = 146 \, \text{cm}^3$**.

Con el valor del módulo resistente real del perfil, calcularemos la tensión normal generada por el Momento Flector, que es de:

$$\sigma_x = \frac{M_z}{W_z} = \frac{32,94 \cdot 10^6 \, \text{Nmm}}{146 \cdot 10^3 \, \text{mm}^3} = 225,616 \, \text{MPa} < \sigma_{adm} = 295,83 \, \text{MPa}$$

Esta tensión normal será de tracción en la zona inferior y de compresión en la zona superior. Partiendo de este perfil ya podremos comprobar cada uno de los puntos de interés para lo que utilizaremos el Criterio de Fallo de **Von Mises**.

Sección B Barra (1)

Según el criterio de **Von Mises**, la tensión equivalente tiene que ser siempre menor que la $\sigma_{admisible}$ del material y se calculará con la siguiente expresión:

$$\sigma_{equivalente} = \sqrt{\sigma_x^2 + 3\tau_{xy}^2}$$

La tensión normal será la debida al esfuerzo normal y al momento flector, por lo que la tensión normal será:

$$\sigma_x = \frac{N}{A} + \frac{M_z}{W_z} = \frac{30 \cdot 10^3 \text{ N}}{23,9 \cdot 10^2 \text{ mm}^2} + \frac{32,94 \cdot 10^6 \text{ Nmm}}{146 \cdot 10^3 \text{ mm}^3} = \mathbf{238,169 \text{ MPa}}$$

En la Sección B también tenemos esfuerzo cortante de valor V=43,33 kN y las tensiones cortantes producidas por ese esfuerzo se calcularán mediante la **Ley de Colignon**:

$$\tau_{xy} = \frac{V \cdot m_z}{e \cdot I_z}$$

El momento estático, el espesor y el momento de inercia del perfil los obtendremos del prontuario:

$$\tau_{xy} = \frac{V \cdot m_z}{e \cdot I_z} = \frac{43,33 \cdot 10^3 \text{N} \cdot 83,2 \text{ cm}^3 \cdot \frac{1000 \text{ mm}^3}{\text{cm}^3}}{5,3 \text{ mm} \cdot 1.320 \cdot 10^4 \text{ mm}^4} = \mathbf{51,53 \text{ MPa}}$$

Por lo tanto, la tensión equivalente según Von Mises es:

$$\sigma_{eq} = \sqrt{\sigma_x^2 + 3\tau_{xy}^2} = \sqrt{238,169^2 + 3 \cdot 51,53^2} =$$

$$\mathbf{254,34 \text{ MPa}} < \sigma_{adm} = \mathbf{295,83 \text{ MPa}}$$

Como $\sigma_{eq} < \sigma_{adm}$ lo que indica que el perfil (**IPE 180**) escogido cumple sin problemas.

Barra (2)

Según los esfuerzos internos que se observan en los diagramas, la sección más solicitada será la Sección E de la barra (2). Según la Ley de Navier y con el valor del momento flector máximo M_{max}, podemos calcular el módulo resistente de la sección: $|M| = 1,25$ kNm, $|V| = 2,5$ kN, y $|N| = 10$ kN.

$$W_z \geq \frac{M_{max}}{\sigma_{max}} = \frac{1,25 \text{ kNm} \cdot \frac{1000mm}{1m} \cdot \frac{1000 \text{ N}}{1 \text{ kN}}}{295,83 \frac{N}{mm^2}} = 4.225,39 \text{ mm}^3 = 4,225 \text{ cm}^3$$

Con este valor calculado, vamos al prontuario de los perfiles y podemos seleccionar el perfil que tenga un valor mayor o igual al calculado. El primer perfil que cumple en este caso es un perfil **IPE 80**, cuyo módulo resistente tiene un valor de **$W_z = 20$ cm³**.

Con el valor del módulo resistente real del perfil, calcularemos la tensión normal generada por el Momento Flector en valor absoluto, que es de:

$$\sigma_x = \frac{M_z}{W_z} = \frac{1,25 \cdot 10^6 \text{ Nmm}}{20 \cdot 10^3 \text{ mm}^3} = 62,5 \text{ MPa} < \sigma_{adm} = 295,83 \text{ MPa}$$

Esta tensión normal será de tracción en la zona superior y de compresión en la zona inferior. Partiendo de este perfil ya podremos comprobar cada uno de los puntos de interés para lo que utilizaremos el Criterio de Fallo de **Von Mises**.

Sección B Barra (1)

Según el criterio de **Von Mises**, la tensión equivalente tiene que ser siempre menor que la $\sigma_{admisible}$ del material y se calculará con la siguiente expresión:

$$\sigma_{equivalente} = \sqrt{\sigma_x^2 + 3\tau_{xy}^2}$$

La tensión normal será la debida al esfuerzo normal y al momento flector, por lo que la tensión normal será:

$$\sigma_x = \frac{N}{A} + \frac{M_z}{W_z} = \frac{10 \cdot 10^3 \text{ N}}{7,64 \cdot 10^2 \text{ mm}^2} + \frac{1,25 \cdot 10^6 \text{ Nmm}}{20 \cdot 10^3 \text{ mm}^3} = \mathbf{75,589 \text{ MPa}}$$

En la Sección E también tenemos esfuerzo cortante de valor V=2,5 kN y las tensiones cortantes producidas por ese esfuerzo se calcularán mediante la **Ley de Colignon**:

$$\tau_{xy} = \frac{V \cdot m_z}{e \cdot I_z}$$

El momento estático, el espesor y el momento de inercia del perfil los obtendremos del prontuario:

$$\tau_{xy} = \frac{V \cdot m_z}{e \cdot I_z} = \frac{2,5 \cdot 10^3 N \cdot 11,6 \; cm^3 \cdot \frac{1000 \; mm^3}{cm^3}}{3,8 \; mm \cdot 80,1 \cdot 10^4 \; mm^4} = \mathbf{9,527 \; MPa}$$

Por lo tanto, la tensión equivalente según Von Mises es:

$$\sigma_{eq} = \sqrt{\sigma_x^2 + 3\tau_{xy}^2} = \sqrt{75,589^2 + 3 \cdot 9,527^2} =$$

$$\mathbf{77,361 \; MPa < \sigma_{adm} = 295,83 \; MPa}$$

Como $\sigma_{eq} < \sigma_{adm}$ lo que indica que el perfil (**IPE 80**) escogido cumple sin problemas.

6. CÁLCULO DEL GIRO EN EL NUDO D

Para la obtención del giro en el Nudo D se van a utilizar los Teoremas de Mohr. Se debe destacar que el diagrama de momentos para la barra (1) se trata de una composición de figuras geométricas sencillas (triángulos y rectángulos), por lo que se pueden aplicar los Teoremas de Mohr de forma particularizada como:

$$\theta_D = \theta_A + \sum_{i=1}^{n} \frac{\Omega_i}{EI_z} \quad (1^{\underline{o}} \; \text{Teorema de Mohr})$$

$$y_D = y_A + \theta_A \overline{AD} + \sum_{i=1}^{n} \frac{\Omega_i \cdot d_i}{EI_z} \quad (2^{\underline{o}} \; \text{Teorema de Mohr})$$

Donde:

Ω_i: Representa el sumatorio de las áreas de la Ley de Momentos entre los puntos de aplicación de los Teoremas.

d_i: Es la distancia que existe entre el centro de gravedad de la ley de momentos de cada área respecto al punto donde se quiere calcular la deformación.

Primeramente, para la obtención del giro en D (θ_D), se deberá obtener el giro en A (θ_A), por lo que se deberá aplicar el 2º Teorema de Mohr. A esto se añade que se debe tener en cuenta las condiciones de contorno existentes. Es decir, en A y en D se tratan de apoyos articulados, por lo que su deformación en dichos puntos es nula ($y_A = y_D = 0$).

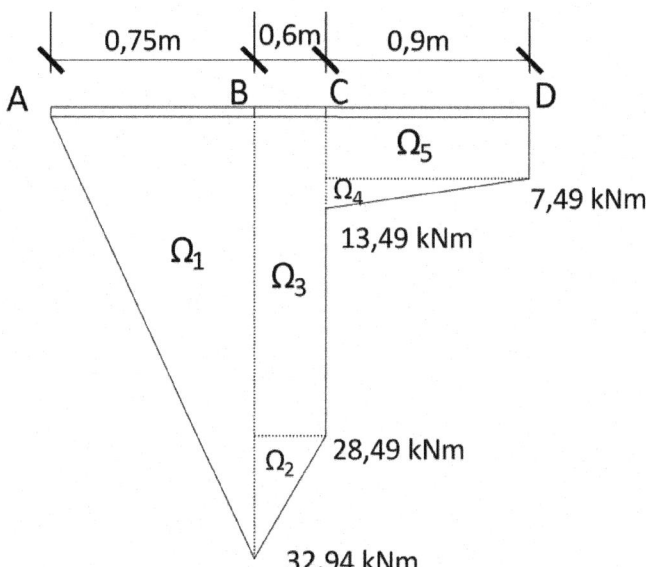

Se aplica el 2º Teorema de Mohr entre el Nudo D y el Nudo A:

$$y_D = y_A + \theta_A \overline{AD} + \sum_{i=1}^{n} \frac{\Omega_i \cdot d_i}{EI_z}$$

$$y_D = y_A + \theta_A \overline{AD} + \frac{\Omega_1 \cdot d_1}{EI_z} + \frac{\Omega_2 \cdot d_2}{EI_z} + \frac{\Omega_3 \cdot d_3}{EI_z} + \frac{\Omega_4 \cdot d_4}{EI_z} + \frac{\Omega_5 \cdot d_5}{EI_z}$$

$$0 = 0 + \theta_A \cdot 2{,}25 + \frac{\left[\frac{1}{2} \cdot 0{,}75 \cdot 32{,}94 \cdot \left(\frac{1}{3} \cdot 0{,}75 + 1{,}5\right)\right]}{EI_Z} +$$

$$+\frac{\left[\frac{1}{2} \cdot 0{,}6 \cdot (32{,}94 - 28{,}49) \cdot \left(\frac{2}{3} \cdot 0{,}6 + 0{,}9\right)\right]}{EI_Z} + \frac{\left[0{,}6 \cdot 28{,}49 \cdot \left(\frac{0{,}6}{2} + 0{,}9\right)\right]}{EI_Z} +$$

$$+\frac{\left[0{,}9 \cdot 7{,}49 \cdot \left(\frac{0{,}9}{2}\right)\right]}{EI_Z} + \frac{\left[\frac{1}{2} \cdot 0{,}9 \cdot (13{,}49 - 7{,}49) \cdot \left(\frac{2}{3} \cdot 0{,}9\right)\right]}{EI_Z}$$

$$\theta_A = \frac{-21{,}56383333}{EI_Z}$$

Conocido el giro en A (θ_A), se puede calcular el giro en D (θ_D), a través del 1º Teorema de Mohr, quedando de la forma:

$$\theta_B = \theta_A + \sum_{i=1}^{n} \frac{\Omega_i}{EI_Z}$$

$$\theta_D = \frac{-21{,}56383333}{EI_Z} + \frac{\left[\frac{1}{2} \cdot 0{,}75 \cdot 32{,}94\right]}{EI_Z} +$$

$$+\frac{\left[\frac{1}{2} \cdot 0{,}6 \cdot (32{,}94 - 28{,}49)\right]}{EI_Z} + \frac{[0{,}6 \cdot 28{,}49]}{EI_Z} +$$

$$+\frac{[0{,}9 \cdot 7{,}49]}{EI_Z} + \frac{\left[\frac{1}{2} \cdot 0{,}9 \cdot (13{,}49 - 7{,}49)\right]}{EI_Z}$$

$$\theta_D = \frac{\mathbf{18{,}6586667}}{\mathbf{EI_Z}}$$

Este resultado puede ser expresado en unidades de ángulo (radianes) porque se conoce tanto el Módulo de Young del acero y la inercia del perfil IPE 300. Quedando finalmente como:

$$\theta_D = \frac{18{,}6586667 \text{ kNm}^2 \cdot \frac{10^3 \text{N}}{1 \text{ kN}}}{210 \cdot 10^9 \frac{\text{N}}{\text{m}^2} \cdot 1.320 \cdot 10^{-8}\text{mm}^4} = 0{,}00673 \text{ rad}$$

$$\theta_B = 6,73 \text{ mrad}$$

7. CÁLCULO DE LA FLECHA EN LA BARRA 1

La condición de flecha en la barra (1) sucede cuando el ángulo es cero (θ_C=0), como se muestra en la siguiente figura:

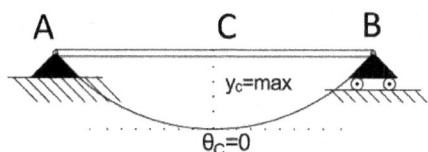

Por lo tanto, se debe localizar en la barra (1) el punto donde se produzca la condición de que en ese punto el giro sea nulo a través del 1º Teorema de Mohr. Para ello se recorre con una variable **Delta (δ)** el diagrama de momentos flectores, como se muestra en la siguiente figura.

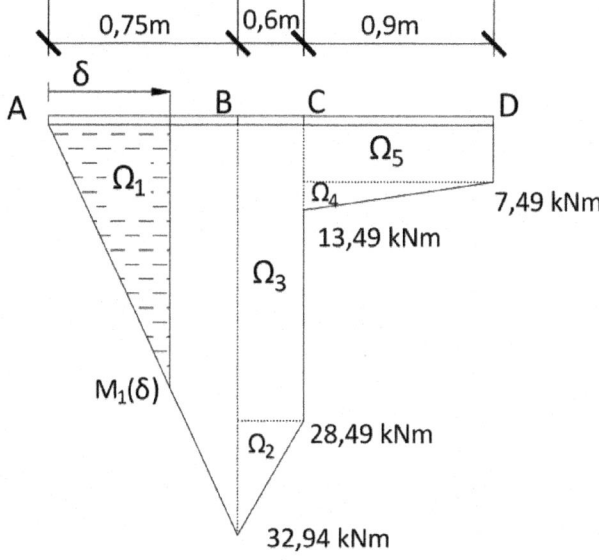

Según la figura anterior, suponemos que el punto con giro nulo se produce en el primer tramo AB, el cual se encuentra regido por la ley de momentos $M_1(x)$. Por lo tanto, en la coordenada δ, el valor del momento flector será:

$$M_1(x) = 43,33x \rightarrow M_1(\delta) = 43,33\delta$$

Y aplicando el 1º Teorema de Mohr quedará de la forma:

$$\theta_\delta = \theta_A + \sum_{i=1}^{n} \frac{\Omega_i}{EI_z}$$

$$0 = \frac{-21,56383333}{EI_z} + \frac{\left[\frac{1}{2} \cdot \delta \cdot 43,33 \cdot \delta\right]}{EI_z} \rightarrow 21,665\delta^2 - 21,5638333 = 0$$

Lógicamente, al tratarse de una ecuación de segundo grado, esta tendrá dos raíces para el valor de δ que son las siguientes:

$$\delta_1 = 0,9976 \text{ m} \approx 1\text{m}$$

$$\delta_2 = -0,9976 \text{ m}$$

Como se aprecia únicamente resulta válida la solución **δ_1** porque entra dentro del intervalo de estudio de la barra (1) ($0 \leq x \leq 2,25$m), siendo la solución **δ_2** inconcluyente con el caso de estudio.

Una vez que se conoce la coordenada en aquel punto donde el giro se hace nulo bastará con aplicar el 2º Teorema de Mohr en esa coordenada como se muestra a continuación:

$$y_\delta(x = 1 \text{ m}) = y_A + \theta_A \overline{AD} + \sum_{i=1}^{n} \frac{\Omega_i \cdot d_i}{EI_z}$$

$$y_\delta(x = 1 \text{ m}) = 0 + \frac{-21,56383333}{EI_z} \cdot 1 + \frac{\left[\frac{1}{2} \cdot 1 \cdot 43,33 \cdot \left(\frac{1}{3} \cdot 1\right)\right]}{EI_z}$$

$$y_\delta = \frac{-14{,}34216666}{EI_Z}$$

$$y_\delta = \frac{-14{,}34216666 \ kNm^3 \cdot \frac{10^3 N}{1 \ kN}}{210 \cdot 10^9 \frac{N}{m^2} \cdot 1.320 \cdot 10^{-8} mm^4} = -0{,}00517m$$

$$y_{\text{máxima}} = -5,17 \ \text{mm}$$

8. DEFORMADA ESTIMA

Finalmente, en esta sección se representa de forma gráfica la deformada estima que adquiere la estructura analizada en función del sistema de cargas externo evaluado es la siguiente:

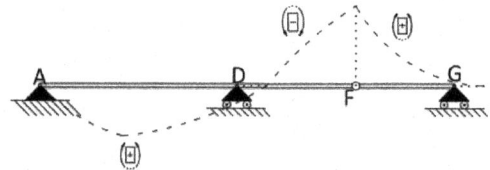

PROBLEMA 9

La siguiente estructura se encuentra formada por cuatro barras. En el Nudo D existe una rótula. La estructura se encuentra vinculada con el exterior a través de tres apoyos. Dos apoyos articulados móviles en el Nudo B y Nudo E, y un apoyo articulado fijo en el Nudo C. Para la barra (1) existen varios tipos de cargas. Una carga puntual de valor 5 kN en el Nudo A y una carga parabólica cuya función es $q=10x^2$. Para la barra (3) en su punto intermedio se identifican un momento puntual de valor 25 kNm. Y finalmente sobre la barra (4) se identifica una carga triangular de valor 30 kN/m. Todas las barras son del mismo material (Acero S225; E=210 GPa) y en el diseño se aplica un coeficiente de seguridad de $\Upsilon=1,9$.

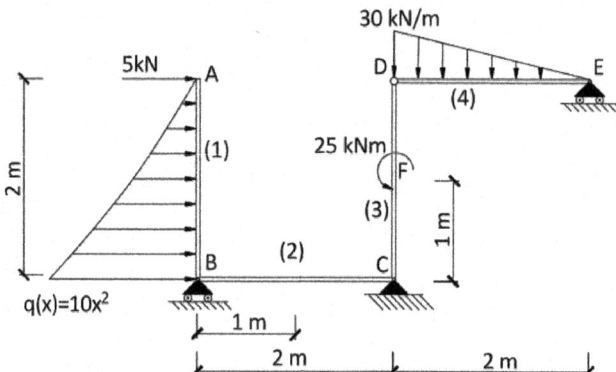

Para la estructura anterior se pide:

1. Cálculo del Grado de Hiperestaticidad de la estructura.
2. Cálculo de las reacciones de la estructura.
3. Cálculo de los esfuerzos internos de la estructura.
4. Representar gráficamente los diagramas de esfuerzos internos (Axiles, Cortantes y Momentos Flectores) de la estructura.
5. Dimensionar según el criterio de Von Mises y utilizar los perfiles metálicos HEB.
6. Cálculo del desplazamiento horizontal en el Nudo A. Aplicar el Teorema de Castigliano.
7. Cálculo del giro en el Nudo E. Aplicar el Teorema de Castigliano.
8. Representación de la deformada estima.

1. GRADO DE HIPERESTATICIDAD

El primer paso es determinar el grado hiperestático que tiene la estructura. Para ello a las incógnitas en reacciones (R), le restamos las ecuaciones de equilibrio (E) más el número de rótulas (r), este último valor indica el número de ecuaciones que disponemos. De esta forma para alcanzar un grado de hiperestático 0, permite disponer de tantas ecuaciones como incógnitas:

$$GH = R - [E + r]$$

En este caso contamos con dos apoyos articulados móviles (Nudo B, Nudo E) y un apoyo articulado (Nudo C), por lo tanto, tenemos 5 reacciones. Además, la estructura incorpora una rótula en el Nudo D.

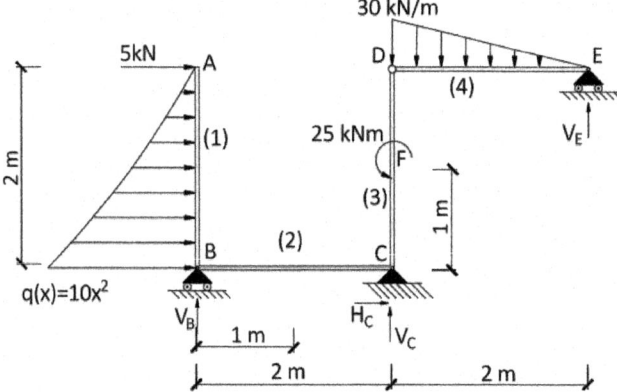

Conocido es que en el plano podemos plantear 3 ecuaciones de equilibrio, a las que podemos añadir tantas ecuaciones como rótulas dispongamos. Así, de este modo, para la estructura de la figura, el grado hiperestático es:

$$GH = 4 - [3 + 1] = 0$$

Al obtener un grado hiperestático 0 significa que es isostático, o lo que es lo mismo, con las ecuaciones de equilibrio se puede calcular las reacciones de los apoyos.

2. CALCULO DE LAS REACCIONES

En primer lugar, se aplica las ecuaciones de equilibrio, teniendo en cuenta las reacciones y el sistema de cargas aplicado:

Sumatorio de fuerzas horizontales igual a 0. En este caso el sistema de cargas aplicado a la estructura es la propia carga distribuida parabólica y la carga puntual.

$$\Sigma F_H = 0;$$

$$H_C + \int_{0m}^{2m} 10x^2\, dx + 5 = 0$$

$$H_C = -\frac{110}{3}\ kN$$

Sumatorio de fuerzas verticales igual a 0. En este caso el sistema de cargas aplicado a la estructura aporta la carga triangular distribuida.

$$\Sigma F_V = 0$$

$$V_B + V_C + V_E = \frac{1}{2} \cdot 2 \cdot 30 \ (\text{Ec. 1})$$

Sumatorio de momentos flectores respecto al punto B igual a 0. En este caso tomamos como positivos los momentos antihorarios (eje Z). Tanto las reacciones como el sistema de cargas se valoran aplicando su brazo de palanca desde el punto seleccionado.

$$\Sigma M_B = 0$$

$$2V_C + 4V_E + 25 - \frac{1}{2} \cdot 2 \cdot 30 \cdot \left(\frac{1}{3} \cdot 2 + 2\right) - \frac{1}{3} \cdot 2 \cdot 40 \cdot \left(\frac{1}{4} \cdot 2\right) - 5 \cdot 2 = 0$$

$$2V_C + 4V_E = \frac{235}{3}\ kNm \ (\text{Ec. 2})$$

En este caso la estructura presenta una rótula en el Nudo D, por lo tanto, podemos plantear una nueva ecuación de equilibrio, se debe cumplir en la situación de equilibrio, que el momento en ese punto debe ser nulo. Podemos realizar un corte en ese punto y plantear el equilibrio al resto de la estructura por la derecha o izquierda de la rótula. En este caso tomamos la subestructura de la derecha para el Nudo D como se muestra en la figura, igualando el momento a cero:

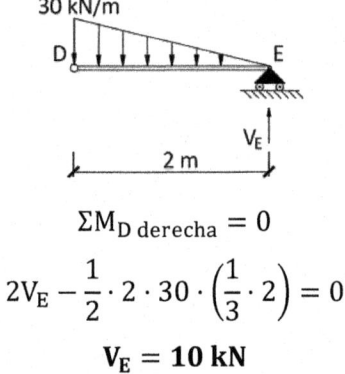

$$\Sigma M_{D\,derecha} = 0$$

$$2V_E - \frac{1}{2} \cdot 2 \cdot 30 \cdot \left(\frac{1}{3} \cdot 2\right) = 0$$

$$V_E = 10\ kN$$

Si sustituimos V_E en la Ec.2 tenemos:

$$2V_C + 4V_E = \frac{235}{3}\ kNm\ (Ec.\,2)$$

$$V_C = 19,167\ kN$$

Si sustituimos V_E y V_C en la Ec.1 tenemos:

$$V_B + V_C + V_E = 30\ kN\ (Ec.\,1)$$

$$V_B = 0,833\ kN$$

3. CORTES. CÁLCULO DE ESFUERZOS INTERNOS

Ahora siendo conocidos los valores de las reacciones, realizamos los cortes necesarios para analizar los esfuerzos que se producen a lo largo de toda la estructura. En este caso:

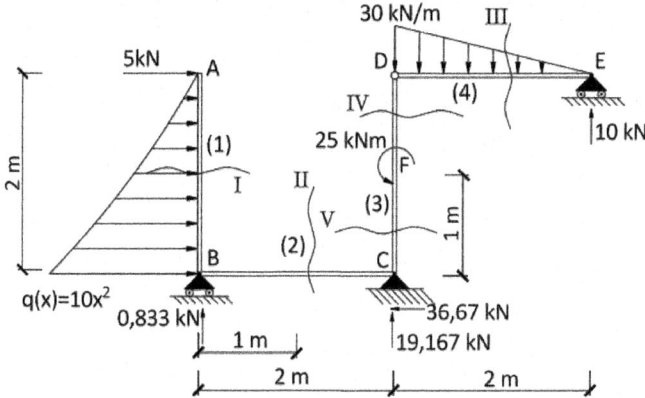

Como podemos observar en la figura realizaremos cinco cortes; uno entre los nudos A-B en la barra (1); uno entre los nudos B-C de la barra (2), dos entre C-D en la barra (3), y finalmente otro corte entre los nudos D-E de la barra (4). Esto nos permitirá identificar los esfuerzos internos en función de la directriz de la barra (denominada como variable "x") y así poder obtener los resultados para cada sección de la estructura.

CORTE I $0m \leq x \leq 2m$

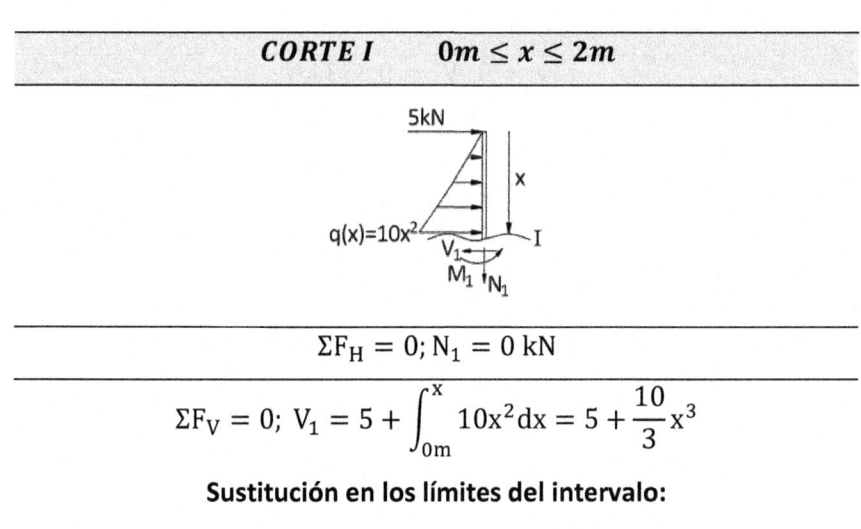

$$\Sigma F_H = 0; N_1 = 0 \text{ kN}$$

$$\Sigma F_V = 0; V_1 = 5 + \int_{0m}^{x} 10x^2 dx = 5 + \frac{10}{3}x^3$$

Sustitución en los límites del intervalo:

$$V_1 = 5 \text{ kN} \ (x = 0m)$$

$$V_1 = 31,67 \text{ kN} \ (x = 2m)$$

$$\Sigma M_S = 0$$

$$M_1 = 5x + \frac{10}{3}x^3 \cdot \frac{1}{4} \cdot x = 5x + \frac{10}{12}x^4$$

Sustitución en los límites del intervalo:

$$M_1 = 0 \text{ kNm } (x = 0m)$$

$$M_1 = 23,33 \text{ kNm } (x = 2m)$$

CORTE II $0m \leq x \leq 2m$

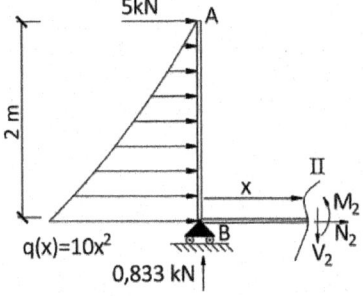

q(x)=10x²
0,833 kN

$$\Sigma F_H = 0; N_2 = -5 - \int_{0m}^{2m} 10x^2 dx = -31,67 \text{ kN}$$

$$\Sigma F_V = 0; \ V_2 = 0,833 \text{ kN}$$

$$\Sigma M_S = 0$$

$$M_2 = 0,833x + 5 \cdot 2 + \frac{80}{3} \cdot \frac{1}{4} \cdot 2$$

$$M_2 = 0,833x + \frac{70}{3}$$

Sustitución en los límites del intervalo:

$$M_2 = 23,33 \text{ kNm } (x = 0m)$$

$$M_2 = 25 \text{ kNm } (x = 2m)$$

CORTE III $0m \leq x \leq 2m$

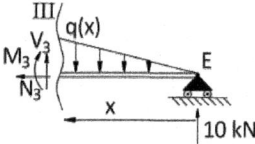

$$\Sigma F_H = 0; N_3 = 0 \text{ kN}$$

En este **Corte III**, aparece la carga triangular distribuida, por lo que deberemos primeramente obtener su ley carga específica. Para ello se aplica semejanza de triángulos.

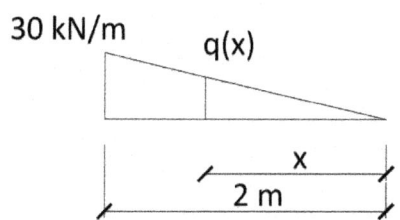

$$\frac{30 \text{ kN/m}}{2 \text{ m}} = \frac{q(x)}{x}$$

Por lo que la ley será:

$$q(x) = 15x$$

$$\Sigma F_V = 0; \ V_3 = -10 + \frac{1}{2} \cdot 15x^2$$

$$V_3 = -10 + \frac{1}{2} \cdot 15x^2 = 0 \rightarrow x = 1,155\text{m}$$

Sustitución en los límites del intervalo:

$$V_3 = -10 \text{ kN } (x = 0\text{m})$$

$$V_5 = 0 \text{ kN } (x = 1,55\text{m})$$

$$V_3 = 20 \text{ kN } (x = 2\text{m})$$

$$\Sigma M_S = 0$$

$$M_3 = 10x - \frac{1}{2}x \cdot 15x \cdot \frac{1}{3}x$$

$$M_3 = 10x - \frac{5}{2}x^3$$

Sustitución en los límites del intervalo:

$$M_3 = 0 \text{ kNm (x = 0m)}$$

$$M_3 = 7,69 \text{ kNm (x = 1,155m)}$$

$$M_3 = 0 \text{ kNm (x = 2m)}$$

CORTE IV $0m \leq x \leq 1m$

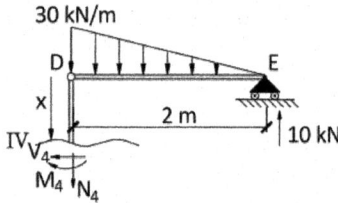

$$\Sigma F_H = 0; N_4 = 10 - \frac{1}{2} \cdot 2 \cdot 30 = -20 \text{ kN}$$

$$\Sigma F_V = 0; \; V_4 = 0 \text{ kN}$$

$$\Sigma M_S = 0$$

$$M_4 = 10 \cdot 2 - \frac{1}{2} \cdot 2 \cdot 30 \cdot \frac{1}{3} \cdot 2 = 0 \text{ kNm}$$

CORTE V $1m \leq x \leq 2m$

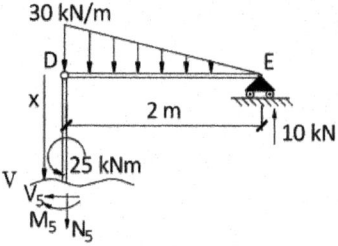

$$\Sigma F_H = 0; N_5 = 10 - \frac{1}{2} \cdot 2 \cdot 30 = -20 \text{ kN}$$

$$\Sigma F_V = 0; \; V_5 = 0 \text{ kN}$$

$$\Sigma M_S = 0; \; M_5 = 10 \cdot 2 - \frac{1}{2} \cdot 2 \cdot 30 \cdot \frac{1}{3} \cdot 2 + 25 = 25 \text{ kNm}$$

---

4. DIAGRAMAS DE ESFUERZOS

Una vez analizados los cortes, podemos representar gráficamente los diagramas de esfuerzos Axiles, Cortantes y Momentos Flectores. Se debe indicar que, para visualizar la existencia de esfuerzos en las barras, los diagramas no están escalados en función de sus valores.

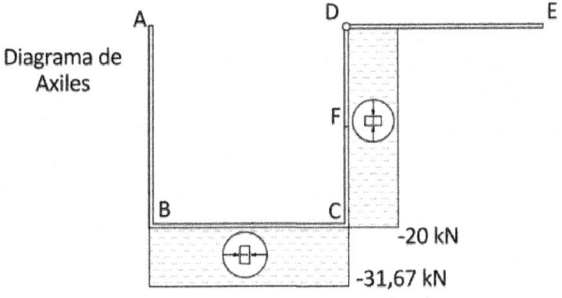

Diagrama de Axiles

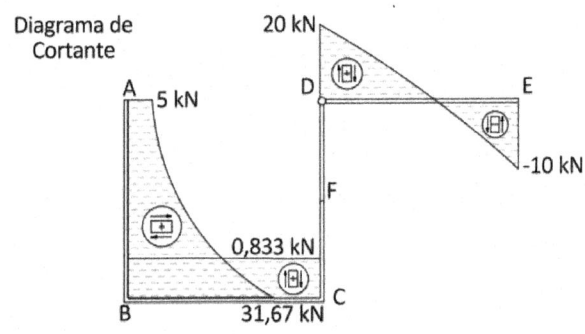

Diagrama de Cortante

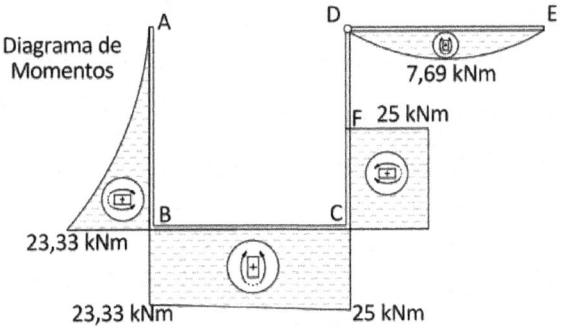

Diagrama de Momentos

5. DISEÑO DE LAS BARRAS A RESISTENCIA

A la vista del diagrama se localiza la sección o secciones más solicitadas, es decir los puntos donde el Momento Flector, Cortante y Axil sean máximos. En este caso, la solución de diseño no es tan obvia por que se tienen dos puntos con similares esfuerzos que son el Nudo C de la barra (2), y el Nudo B de la barra (1) para ello se procede a realizar la comprobación en ambos nudos y ver cuál es el más restrictivo.

Para el Nudo C de la barra (2) tenemos que: $|M_{max}|$ = 25 kNm y donde hay un esfuerzo cortante $|V|$ =0,833 kN, y un esfuerzo axil $|N|$ = 31,67 kN.

Y en el Nudo B de la barra (1) se tienen los siguientes esfuerzos: $|M_{max}|$ = 23,33 kNm y donde hay un esfuerzo cortante $|V|$ =31,67 kN.

Diseño a Resistencia:

El valor de la tensión admisible será:

$$\sigma_{adm} = \frac{\sigma_{elástico}}{Y} = \frac{225 \text{ MPa}}{1,90} = 118,42 \text{ MPa}$$

Sección C Barra (2)

Según la Ley de Navier y con el valor del momento flector máximo M_{max}, podemos calcular el módulo resistente de la sección:

$$W_z \geq \frac{M_{max}}{\sigma_{max}} = \frac{25 \text{ kNm} \cdot \frac{1000mm}{1m} \cdot \frac{1000 \text{ N}}{1 \text{ kN}}}{118,42 \frac{N}{mm^2}} = 211.112,98 \text{ mm}^3 = 211,112 \text{ cm}^3$$

Con este valor calculado, vamos al prontuario de los perfiles y podemos seleccionar el perfil que tenga un valor mayor o igual al calculado. El primer perfil que cumple en este caso es un perfil **HEB 140**, cuyo módulo resistente tiene un valor de **W_z = 216 cm³**.

Con el valor del módulo resistente real del perfil, calcularemos la tensión normal generada por el Momento Flector, que es de:

$$\sigma_x = \frac{M_z}{W_z} = \frac{25 \cdot 10^6 \text{ Nmm}}{216 \cdot 10^3 \text{ mm}^3} = 115,74 \text{ MPa} < \sigma_{adm} = 118,42 \text{ MPa}$$

Esta tensión normal será de tracción en la zona inferior y de compresión en la zona superior. Partiendo de este perfil ya podremos comprobar cada uno de los puntos de interés para lo que utilizaremos el Criterio de Fallo de **Von Mises**.

Sección C

Según el criterio de **Von Mises**, la tensión equivalente tiene que ser siempre menor que la $\sigma_{admisible}$ del material y se calculará con la siguiente expresión:

$$\sigma_{equivalente} = \sqrt{\sigma_x^2 + 3\tau_{xy}^2}$$

En la Sección C la tensión normal será la debida al esfuerzo normal y al momento flector:

$$\sigma_x = \frac{N}{A} + \frac{M_z}{W_z} = \frac{-31{,}67 \cdot 10^3 \text{ N}}{43 \cdot 10^2 \text{ mm}^2} + \frac{25 \cdot 10^6 \text{ Nmm}}{216 \cdot 10^3 \text{ mm}^3} = \mathbf{108{,}37 \text{ MPa}}$$

En la Sección C también tenemos esfuerzo cortante de valor V=0,833 kN y las tensiones cortantes producidas por ese esfuerzo se calcularán mediante la **Ley de Colignon**:

$$\tau_{xy} = \frac{V \cdot m_z}{e \cdot I_z}$$

El momento estático, el espesor y el momento de inercia del perfil los obtendremos del prontuario:

$$\tau_{xy} = \frac{V \cdot m_z}{e \cdot I_z} = \frac{0{,}833 \cdot 10^3 \text{N} \cdot 123 \text{ cm}^3 \cdot \frac{1000 \text{ mm}^3}{\text{cm}^3}}{7 \text{ mm} \cdot 1{.}509 \cdot 10^4 \text{ mm}^4} = \mathbf{0{,}97 \text{ MPa}}$$

Por lo tanto, la tensión equivalente según Von Mises es:

$$\sigma_{eq} = \sqrt{\sigma_x^2 + 3\tau_{xy}^2} = \sqrt{108{,}37^2 + 3 \cdot 0{,}97^2} =$$

$$\mathbf{108{,}38 \text{ MPa} \leq \sigma_{adm} = 118{,}42 \text{ MPa}}$$

Como $\sigma_{eq} \leq \sigma_{adm}$ lo que indica que el perfil (**HEB 140**) escogido cumple sin problemas.

Sección B Barra (1)

A partir del perfil **HEB 140**, seleccionado de forma preliminar se procede a determinar si es válido para la barra (1) en el Nudo B.

Según el criterio de **Von Mises**, la tensión equivalente tiene que ser siempre menor que la $\sigma_{admisible}$ del material y se calculará con la siguiente expresión:

$$\sigma_{equivalente} = \sqrt{\sigma_x^2 + 3\tau_{xy}^2}$$

En la Sección B la tensión normal será la debida al momento flector:

$$\sigma_x = \frac{N}{A} + \frac{M_z}{W_z} = 0 + \frac{-23{,}33 \cdot 10^6 \text{ Nmm}}{216 \cdot 10^3 \text{ mm}^3} = \mathbf{-108 \text{ MPa}}$$

En la Sección B también tenemos esfuerzo cortante de valor V=31,67 kN y las tensiones cortantes producidas por ese esfuerzo se calcularán mediante la **Ley de Colignon:**

$$\tau_{xy} = \frac{V \cdot m_z}{e \cdot I_z}$$

El momento estático, el espesor y el momento de inercia del perfil los obtendremos del prontuario:

$$\tau_{xy} = \frac{V \cdot m_z}{e \cdot I_z} = \frac{31{,}67 \cdot 10^3 \text{N} \cdot 123 \text{ cm}^3 \cdot \frac{1000 \text{ mm}^3}{\text{cm}^3}}{7 \text{ mm} \cdot 1.509 \cdot 10^4 \text{ mm}^4} = \mathbf{36{,}87 \text{ MPa}}$$

Por lo tanto, la tensión equivalente según Von Mises es:

$$\sigma_{eq} = \sqrt{\sigma_x^2 + 3\tau_{xy}^2} = \sqrt{108^2 + 3 \cdot 36{,}87^2} =$$

$$\mathbf{125{,}47 \text{ MPa} \geq \sigma_{adm} = 118{,}42 \text{ MPa}}$$

Como $\sigma_{eq} \geq \sigma_{adm}$ lo que indica que el perfil (**HEB 140**) escogido no cumple para las solicitaciones de la barra (1). En este caso se escoge un perfil inmediatamente superior que es el **HEB 160**, y se procede nuevamente a realizar la iteración de comprobación.

$$\sigma_x = \frac{N}{A} + \frac{M_z}{W_z} = 0 + \frac{-23{,}33 \cdot 10^6 \text{ Nmm}}{311 \cdot 10^3 \text{ mm}^3} = -75{,}02 \text{ MPa}$$

$$\tau_{xy} = \frac{V \cdot m_z}{e \cdot I_z} = \frac{31{,}67 \cdot 10^3 \text{N} \cdot 177 \text{ cm}^3 \cdot \frac{1000 \text{ mm}^3}{\text{cm}^3}}{8 \text{ mm} \cdot 2.492 \cdot 10^4 \text{ mm}^4} = 28{,}18 \text{ MPa}$$

$$\sigma_{eq} = \sqrt{\sigma_x^2 + 3\tau_{xy}^2} = \sqrt{75{,}02^2 + 3 \cdot 28{,}18^2} =$$

$$\mathbf{89{,}50 \text{ MPa}} \le \sigma_{adm} = \mathbf{118{,}42 \text{ MPa}}$$

Como $\sigma_{eq} \le \sigma_{adm}$ lo que indica que el perfil (**HEB 160**) escogido cumple sin problemas para el Nudo B de la barra (1) y por consiguiente también será válido para el Nudo C de la barra (2), ya que ese punto se encuentra sometido a unas solicitaciones inferiores.

6. CÁLCULO DEL DESPLAZAMIENTO HORIZONTAL NUDO A

Para el cálculo del desplazamiento horizontal en el Nudo A se va aplicar el Teorema de Castigliano. La expresión para el cálculo del desplazamiento horizontal en el Nudo A, según el Teorema de Castigliano quedará de la siguiente forma:

$$\delta_i = \frac{\partial \emptyset}{\partial P_i} = \int_0^l \frac{M_z}{EI_z} \cdot \frac{\partial M_z}{\partial P_i} dx$$

Para ello primeramente se debe introducir una carga ficticia denominada P, en la dirección horizontal del Nudo A, lugar donde solicita el enunciado calcular la deformación. Como se aprecia en la expresión del cálculo de la deformación se debe conocer las leyes de momentos. Para ello se procede a aplicar superposición, es decir se sumarán las leyes de momentos que se han obtenido en la **Sección 3. Cortes. Cálculo de Esfuerzos Internos**, y las leyes de momentos que se genera en la estructura, pero con la carga ficticia P, como se muestra en la siguiente figura.

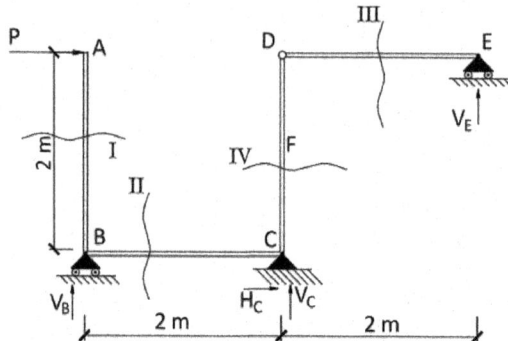

El cálculo de las reacciones vendrá impuesto por las ecuaciones de equilibrio:

Sumatorio de fuerzas horizontales igual a 0.

$$\Sigma F_H = 0$$

$$H_C + P = 0 \rightarrow \mathbf{H_C = -P}$$

Sumatorio de fuerzas verticales igual a 0.

$$\Sigma F_V = 0$$

$$V_B + V_C + V_E = 0 \text{ (Ec. 1)}$$

Sumatorio de momentos flectores respecto al punto A igual a 0.

$$\Sigma M_A = 0$$

$$V_E \cdot 4 + V_C \cdot 2 - 2P = 0$$

$$4V_E + 2V_C = 2Pm \text{ (Ec. 2)}$$

Sumatorio de momentos flectores respecto al punto D por la derecha igual a 0.

$$\Sigma M_{D\,derecha} = 0$$

$$V_E \cdot 2 = 0$$

$$\mathbf{V_E = 0}$$

Si sustituimos V_E en la Ec.2 tenemos:

$$4V_E + 2V_C = 2P \text{ m (Ec. 2)}$$

$$\mathbf{V_C = P}$$

Si sustituimos V_E y V_C en la Ec.1 tenemos:

$$V_B + V_C + V_E = 0 \text{ (Ec. 1)}$$

$$\mathbf{V_B = -P}$$

Finalmente, conocidas las reacciones procedemos a realizar los respectivos cortes y el cálculo de sus leyes de momentos, como se muestra a continuación:

CORTE I $0m \leq x \leq 2m$

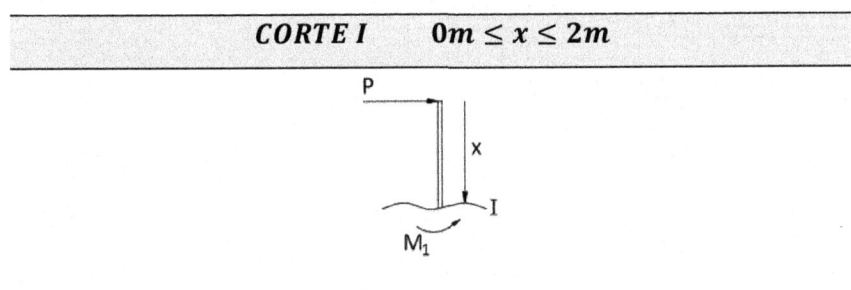

$$\Sigma M_S = 0; \;\; M_1 = Px$$

CORTE II $0m \leq x \leq 2m$

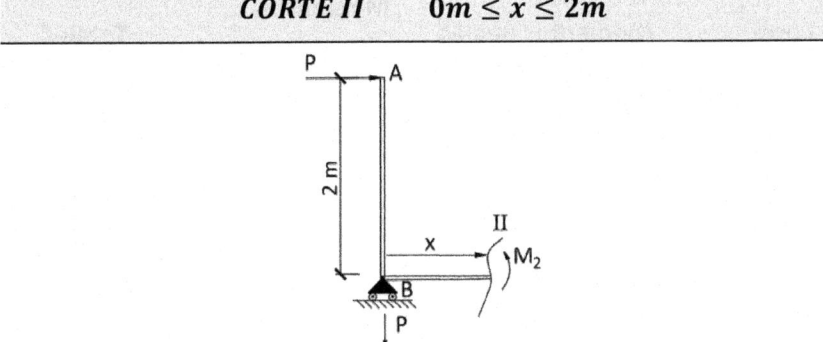

$$\Sigma M_S = 0; \;\; M_2 = -Px + 2P$$

CORTE III $0m \leq x \leq 2m$

$$\Sigma M_S = 0; M_3 = 0$$

CORTE IV	$0m \leq x \leq 2m$

$$\Sigma M_S = 0; \ M_4 = 0$$

En la siguiente tabla se recogen para cada intervalo las leyes de momentos generados por el sistema de cargas externas y por las leyes de momentos que genera la carga puntual P, así como la ley de momentos resultantes.

Intervalo del Corte	Leyes de Momentos Reales	Leyes de Momentos Carga P	Leyes de Momentos Totales
$0m \leq x \leq 2m$	$5x + \dfrac{10}{12}x^4$	Px	$5x + \dfrac{10}{12}x^4 + Px$
$0m \leq x \leq 2m$	$0{,}833x + \dfrac{70}{3}$	$-Px + 2P$	$0{,}833x + \dfrac{70}{3} - Px + 2P$
$0m \leq x \leq 2m$	$10x - \dfrac{5}{2}x^3$	0	$10x - \dfrac{5}{2}x^3$
$0m \leq x \leq 1m$	0	0	0
$1m \leq x \leq 2m$	25	0	25

Aplicándose la expresión de la obtención de la deformación quedará de la forma:

$$\delta_i = \frac{\partial \emptyset}{\partial P_i} = \int_0^1 \frac{M_z}{EI_z} \cdot \frac{\partial M_z}{\partial P_i} dx$$

$$(\delta_H)_A = \int_{0m}^{2m} \frac{\left(5x + \frac{10}{12}x^4 + Px\right)}{EI_z} \cdot (1)dx +$$

$$+ \int_{0m}^{2m} \frac{\left(0{,}833x + \frac{70}{3} - Px + 2P\right)}{EI_z} \cdot (-x + 2)dx +$$

$$+ \int_{0m}^{2m} \frac{\left(10x - \frac{5}{2}x^3\right)}{EI_z} \cdot (0)dx + \int_{0m}^{1m} \frac{(0)}{EI_z} \cdot (0)dx + \int_{1m}^{2m} \frac{(25)}{EI_z} \cdot (0)dx$$

Sobre esta expresión habrá que identificar que la carga P es ficticia por lo tanto su valor es nulo, quedando finalmente la siguiente expresión:

$$(\delta_H)_A = \int_{0m}^{2m} \frac{\left(5x + \frac{10}{12}x^4\right)}{EI_z} \cdot (1)dx + \int_{0m}^{2m} \frac{\left(0{,}833x + \frac{70}{3}\right)}{EI_z} \cdot (-x + 2)dx$$

$$(\delta_H)_A = \frac{63{,}1106666}{EI_z}$$

$$(\delta_H)_A = \frac{63{,}1106666 \cdot kNm^3 \cdot \frac{10^3 N}{1\,kN}}{210 \cdot 10^9 \frac{N}{m^2} \cdot 2.492 \cdot 10^{-8} mm^4} = 0{,}01205\ m$$

$$(\boldsymbol{\delta_H})_A = \mathbf{12,05\ mm}$$

7. CÁLCULO DEL GIRO EN EL NUDO E

Para el caso en que se quiere calcular el giro del Nudo E siguiendo con la aplicación del Teorema de Castigliano, se procede de la misma forma que se ha realizado en la sección anterior, pero sustituyendo la carga P, por un momento ficticio puntual M, como se muestra en la siguiente figura.

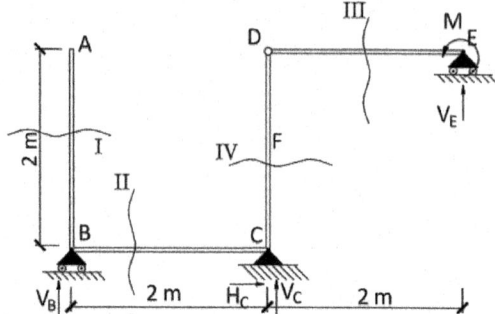

Para ello se procede como siempre al cálculo de las reacciones de los apoyos.

$$\Sigma F_H = 0$$

$$\mathbf{H_C = 0}$$

$$\Sigma F_v = 0$$

$$V_B + V_C + V_E = 0 \text{ (Ec. 1)}$$

$$\Sigma M_B = 0$$

$$4V_E + 2V_C + M = 0 \text{ (Ec. 2)}$$

$$\Sigma M_{B\text{ Derecha}} = 0$$

$$V_E \cdot 2 + M = 0 \rightarrow \mathbf{V_E = \dfrac{-M}{2}}$$

Sustituimos V_E en la Ec.2 y obtenemos las reacciones.

$$4V_E + 2V_C + M = 0 \text{ (Ec. 2)}$$

$$\mathbf{V_C = \dfrac{M}{2}}$$

Sustituimos V_E y V_C en la Ec.1 y obtenemos las reacciones.

$$V_B + V_C + V_E = 0 \text{ (Ec. 1)}$$

$$\mathbf{V_B = 0}$$

Finalmente, conocidas las reacciones procedemos a realizar los respectivos cortes y el cálculo de sus leyes de momentos, como se muestra a continuación:

CORTE I $0m \leq x \leq 2m$

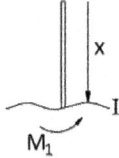

$$\Sigma M_S = 0; \ M_1 = 0$$

CORTE II $0m \leq x \leq 2m$

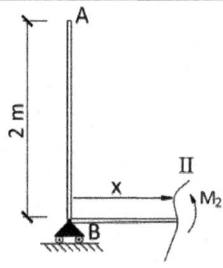

$$\Sigma M_S = 0; \ M_2 = 0$$

CORTE III $0m \leq x \leq 2m$

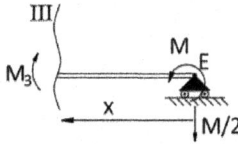

$$\Sigma M_S = 0; \ M_3 = M - \frac{M}{2}x$$

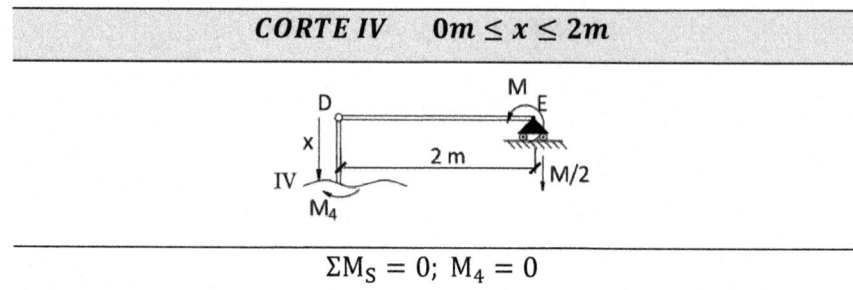

$$\textbf{\textit{CORTE IV}} \qquad 0m \leq x \leq 2m$$

$$\Sigma M_S = 0; \ M_4 = 0$$

En la siguiente tabla se recogen para cada intervalo las leyes de momentos generados por el sistema de cargas externas y por las leyes de momentos que genera el momento puntual M, así como la ley de momentos resultantes.

Intervalo del Corte	Leyes de Momentos Reales	Leyes de Momentos Momento Puntual M	Leyes de Momentos Totales
$0m \leq x \leq 2m$	$5x + \dfrac{10}{12}x^4$	0	$5x + \dfrac{10}{12}x^4$
$0m \leq x \leq 2m$	$0{,}833x + \dfrac{70}{3}$	0	$0{,}833x + \dfrac{70}{3}$
$0m \leq x \leq 2m$	$10x - \dfrac{5}{2}x^3$	$M - \dfrac{M}{2}x$	$10x - \dfrac{5}{2}x^3 + M - \dfrac{M}{2}x$
$0m \leq x \leq 1m$	0	0	0
$1m \leq x \leq 2m$	25	0	25

En este caso, la formulación del Teorema de Castigliano para el cálculo del giro únicamente hay que tener en cuenta que la derivada de la ley de momentos resultará ser con respecto al momento ficticio aplicado como se muestra en la siguiente expresión:

$$\theta_i = \frac{\partial \emptyset}{\partial M_i} = \int_0^l \frac{M_z}{EI_z} \cdot \frac{\partial M_z}{\partial M_i} dx$$

$$\theta_E = \int_{0m}^{2m} \frac{\left(5x + \frac{10}{12}x^4\right)}{EI_z} \cdot (0)dx + \int_{0m}^{2m} \frac{\left(0{,}833x + \frac{70}{3}\right)}{EI_z} \cdot (0)dx$$

$$+ \int_{0m}^{2m} \frac{\left(10x - \frac{5}{2}x^3 + M - \frac{M}{2}x\right)}{EI_z} \cdot \left(1 - \frac{1}{2}x\right)dx + \int_{0m}^{2m} \frac{(0)}{EI_z} \cdot (0)dx +$$

$$+ \int_{0m}^{2m} \frac{(25)}{EI_z} \cdot (0)dx$$

Sobre esta expresión habrá que identificar que el momento M es ficticia por lo tanto su valor es nulo, quedando finalmente la siguiente expresión:

$$\theta_E = \int_{0m}^{2m} \frac{\left(10x - \frac{5}{2}x^3\right)}{EI_z} \cdot \left(1 - \frac{1}{2}x\right)dx$$

$$\theta_C = \frac{14}{3EI_z}$$

$$\theta_E = \frac{14 \cdot 10^3 Nm^2}{3 \cdot 210 \cdot 10^9 \frac{N}{m^2} \cdot 2.492 \cdot 10^{-8} m^4} = 0{,}000891 \text{ rad}$$

$$\boldsymbol{\theta_E = 0{,}89 \text{ mrad}}$$

8. DEFORMADA ESTIMA

Finalmente, en esta sección se representa de forma gráfica la deformada estima que adquiere la estructura analizada en función del sistema de cargas externo evaluado es la siguiente:

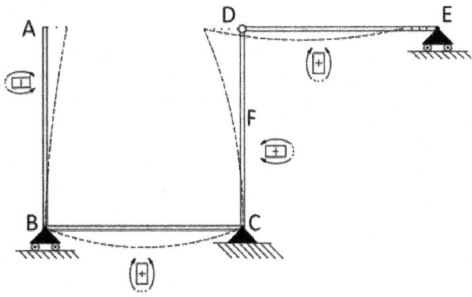

PROBLEMA 10

La siguiente estructura se encuentra formada por tres barras. En el Nudo E existe una rótula. La estructura se encuentra vinculada con el exterior a través de tres apoyos. Dos apoyos articulados móviles en el Nudo A y Nudo D, y un apoyo articulado fijo en el Nudo B. Para el tramo AC en la barra (1) existe una carga uniformemente distribuida de valor 25 kN/m. En la barra (2) se identifica una carga puntual de 10 kN a 0,4m del Nudo B. Y finalmente sobre la barra (3) existe una carga puntual de valor 10 kN a 0,5m del Nudo D y un momento puntual de 50 kNm a 0,5m del Nudo C. Todas las barras son del mismo material (Acero S355; E=210 GPa) y en el diseño se aplica un coeficiente de seguridad de Y=1,25.

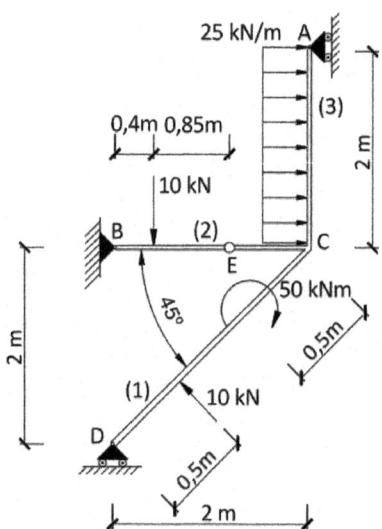

Para la estructura anterior se pide:

1. Cálculo del Grado de Hiperestaticidad de la estructura.
2. Cálculo de las reacciones de la estructura.
3. Cálculo de los esfuerzos internos de la estructura.
4. Representar gráficamente los diagramas de esfuerzos internos (Axiles, Cortantes y Momentos Flectores) de la estructura.
5. Dimensionar según el criterio de Von Mises y utilizar los perfiles metálicos IPN.
6. Cálculo del desplazamiento vertical en el Nudo C. Aplicar el Método de la Carga Unitaria.
7. Cálculo del giro en el Nudo C. Aplicar el Método de la Carga Unitaria.
8. Representación de la deformada estima.

1. GRADO DE HIPERESTATICIDAD

El primer paso es determinar el grado hiperestático que tiene la estructura. Para ello a las incógnitas en reacciones (R), le restamos las ecuaciones de equilibrio (E) más el número de rótulas (r), este último valor indica el número de ecuaciones que disponemos. De esta forma para alcanzar un grado de hiperestático 0, permite disponer de tantas ecuaciones como incógnitas:

$$GH = R - [E + r]$$

En este caso contamos con dos apoyos articulados móviles (Nudo A, Nudo D) y un apoyo articulado fijo (Nudo B), por lo tanto, tenemos 4 reacciones. Además, la estructura incorpora una rótula en el Nudo E.

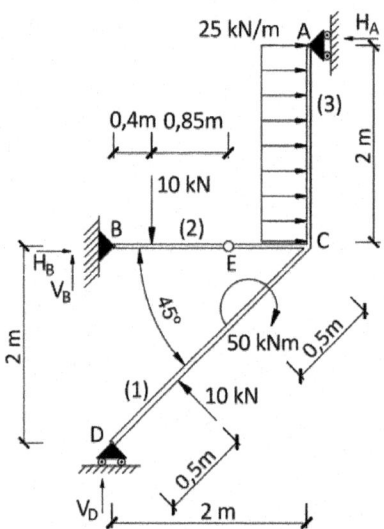

Conocido es que en el plano podemos plantear 3 ecuaciones de equilibrio, a las que podemos añadir tantas ecuaciones como rótulas dispongamos. Así, de este modo, para la estructura de la figura, el grado hiperestático es:

$$GH = 4 - [3 + 1] = 0$$

Al obtener un grado hiperestático 0 significa que es isostático, o lo que es lo mismo, con las ecuaciones de equilibrio se puede calcular las reacciones de los apoyos.

2. CALCULO DE LAS REACCIONES

En primer lugar, se aplica las ecuaciones de equilibrio, teniendo en cuenta las reacciones y el sistema de cargas aplicado:

Sumatorio de fuerzas horizontales igual a 0. En este caso el sistema de cargas aplicado a la estructura es la propia carga uniformemente distribuida y la componente horizontal de la carga puntual.

$$\Sigma F_H = 0;$$

$$-H_A + H_B + 25 \cdot 2 - 10 \cdot \cos(45º) = 0 \text{ (Ec. 1)}$$

$$-H_A + H_B = -42,93 \text{ kN (Ec. 1)}$$

Sumatorio de fuerzas verticales igual a 0. En este caso el sistema de cargas aplicado a la estructura aporta las cargas puntuales.

$$\Sigma F_V = 0$$

$$V_B + V_D - 10 + 10 \cdot \text{sen}(45º) = 0 \text{ (Ec. 1)}$$

$$V_B + V_D = 2,93 \text{ kN (Ec. 2)}$$

Sumatorio de momentos flectores respecto al punto D igual a 0. En este caso tomamos como positivos los momentos antihorarios (eje Z). Tanto las reacciones como el sistema de cargas se valoran aplicando su brazo de palanca desde el punto seleccionado.

$$\Sigma M_D = 0$$

$$4H_A - 2H_B - 25 \cdot 2 \cdot (2 + 1) - 10 \cdot 0,4 + 10 \cdot 0,5 - 50 = 0 \text{ (Ec. 2)}$$

$$4H_A - 2H_B = 199 \text{ kNm (Ec. 3)}$$

En este caso la estructura presenta una rótula en el Nudo E, por lo tanto, podemos plantear una nueva ecuación de equilibrio, se debe cumplir en la situación de equilibrio, que el momento en ese punto debe ser nulo. Podemos realizar un corte en ese punto y plantear el equilibrio al resto de la estructura por la derecha o izquierda de la rótula. En este caso tomamos la subestructura superior para el Nudo E como se muestra en la figura, igualando el momento a cero.

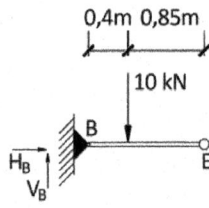

$$\Sigma M_{E\ derecha} = 0$$

$$-1{,}25V_B + 10 \cdot (1{,}25 - 0{,}4) = 0$$

$$V_B = \mathbf{6,8\ kN}$$

Si sustituimos V_B en la Ec.2 tenemos:

$$V_B + V_D = 2{,}93\ kN\ (Ec.\,2)$$

$$V_D = \mathbf{-3,87\ kN}$$

Con la Ec.1 y Ec.3, se puede plantear un sistema de dos ecuaciones con dos incógnitas:

$$-H_A + H_B = -42{,}93\ kN\ (Ec.\,1)$$

$$4H_A - 2H_B = 199\ kNm\ (Ec.\,3)$$

$$H_A = \mathbf{56,57\ kN}$$

$$H_B = \mathbf{13,64\ kN}$$

3. CORTES. CÁLCULO DE ESFUERZOS INTERNOS

Ahora siendo conocidos los valores de las reacciones, realizamos los cortes necesarios para analizar los esfuerzos que se producen a lo largo de toda la estructura. En este caso:

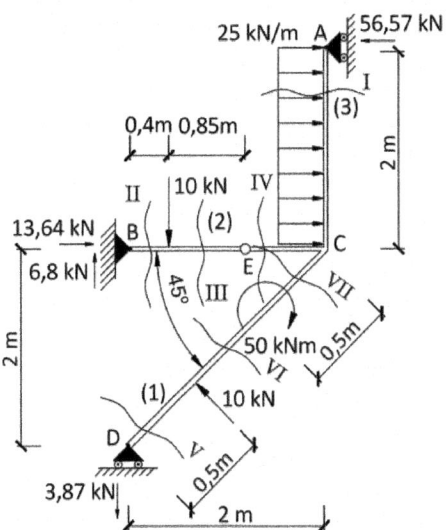

Como podemos observar en la figura realizaremos siete cortes; uno entre los nudos A-C en la barra (1); tres entre los nudos B-C de la barra (2), tres entre C-D en la barra (3). Esto nos permitirá identificar los esfuerzos internos en función de la directriz de la barra (denominada como variable "x") y así poder obtener los resultados para cada sección de la estructura.

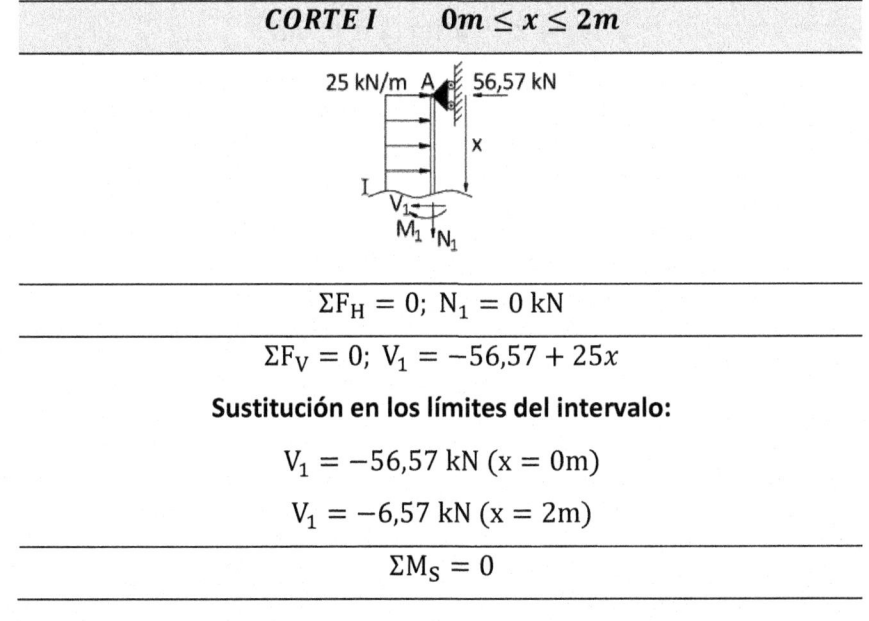

CORTE I $0m \leq x \leq 2m$

$$\Sigma F_H = 0; \ N_1 = 0 \ kN$$

$$\Sigma F_V = 0; \ V_1 = -56{,}57 + 25x$$

Sustitución en los límites del intervalo:

$$V_1 = -56{,}57 \ kN \ (x = 0m)$$

$$V_1 = -6{,}57 \ kN \ (x = 2m)$$

$$\Sigma M_S = 0$$

$$M_1 = 56{,}57x - 25\frac{x^2}{2}$$

Sustitución en los límites del intervalo:

$$M_1 = 0 \text{ kNm } (x = 0m)$$

$$M_1 = 63{,}14 \text{ kNm } (x = 2m)$$

CORTE II $0m \leq x \leq 0,4m$

$$\Sigma F_H = 0; N_2 = -13{,}64 \text{ kN}$$

$$\Sigma F_V = 0; V_2 = 6{,}8 \text{ kN}$$

$$\Sigma M_S = 0$$

$$M_2 = 6{,}8x$$

Sustitución en los límites del intervalo:

$$M_2 = 0 \text{ kNm } (x = 0m)$$

$$M_2 = 2{,}72 \text{ kNm } (x = 0{,}4m)$$

CORTE III $0,4m \leq x \leq 1,25m$

$$\Sigma F_H = 0; N_3 = -13{,}64 \text{ kN}$$

$$\Sigma F_V = 0; V_3 = -3{,}2 \text{ kN}$$

$$\Sigma M_S = 0$$

$$M_3 = 6{,}8x - 10(x - 0{,}4) = -3{,}2x + 4$$

Sustitución en los límites del intervalo:

$$M_3 = 2,72 \text{ kNm } (x = 0,4m)$$

$$M_3 = 0 \text{ kNm } (x = 1,25m)$$

CORTE IV $1,25m \le x \le 2m$

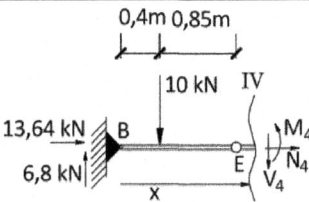

$$\Sigma F_H = 0; N_4 = -13,64 \text{ kN}$$

$$\Sigma F_V = 0; \ V_4 = -3,2 \text{ kN}$$

$$\Sigma M_S = 0$$

$$M_4 = -3,2x + 4$$

Sustitución en los límites del intervalo:

$$M_4 = 0 \text{ kNm } (x = 1,25m)$$

$$M_4 = -2,4 \text{ kNm } (x = 2m)$$

CORTE V $0m \le x \le 0,5m$

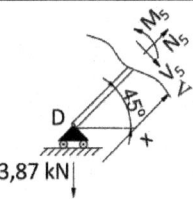

$$\Sigma F_H = 0; N_5 = -3,87 \cos(45^\circ) = -2,736 \text{ kN}$$

$$\Sigma F_V = 0; \ V_5 = -3,87\text{sen}(45^\circ) = -2,736 \text{ kN}$$

$$\Sigma M_S = 0$$

$$M_5 = -3,87 \cdot \text{sen}(45^\circ)x$$

Sustitución en los límites del intervalo:

$$M_5 = 0 \text{ kNm } (x = 0m)$$

$$M_5 = -1,37 \text{ kNm } (x = 0,5m)$$

CORTE VI $0,5m \leq x \leq 2,33m$

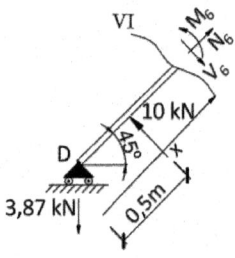

$$\Sigma F_H = 0; N_6 = -3,87 \cos(45º) = -2,736 \text{ kN}$$

$$\Sigma F_V = 0; V_6 = -3,87 \text{sen}(45º) + 10 = 7,26 \text{ kN}$$

$$\Sigma M_S = 0$$

$$M_6 = 10(x - 0,5) - 3,87 \cos(45º) x$$

$$M_6 = 7,263x - 5$$

$$M_6 = 7,263x - 5 = 0 \rightarrow x = 0,688m$$

Sustitución en los límites del intervalo:

$$M_6 = -1,37 \text{ kNm } (x = 0,5m)$$

$$M_6 = 11,91 \text{ kNm } (x = 2,33m)$$

$$M_6 = 9,53 \text{ kNm } (x = 2m)$$

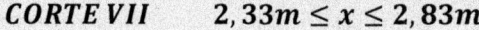

CORTE VII $2,33m \leq x \leq 2,83m$

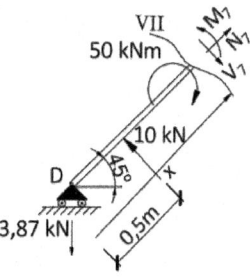

$$\Sigma F_H = 0; \ N_7 = -3,87\cos(45^\circ) = -2,736 \text{ kN}$$

$$\Sigma F_V = 0; \ V_7 = -3,87\text{sen}(45^\circ) + 10 = 7,26 \text{ kN}$$

$$\Sigma M_S = 0$$

$$M_7 = 10 \cdot (x - 0,5) - 3,87 \cdot \cos(45^\circ)\,x + 50$$

$$M_7 = 7,263x + 45$$

Sustitución en los límites del intervalo:

$$M_7 = 61,91 \text{ kNm } (x = 2,33m)$$

$$M_7 = 65,55 \text{ kNm } (x = 2,83m)$$

---

4. DIAGRAMAS DE ESFUERZOS

Una vez analizados los cortes, podemos representar gráficamente los diagramas de esfuerzos Axiles, Cortantes y Momentos Flectores. Se debe indicar que, para visualizar la existencia de esfuerzos en las barras, los diagramas no están escalados en función de sus valores.

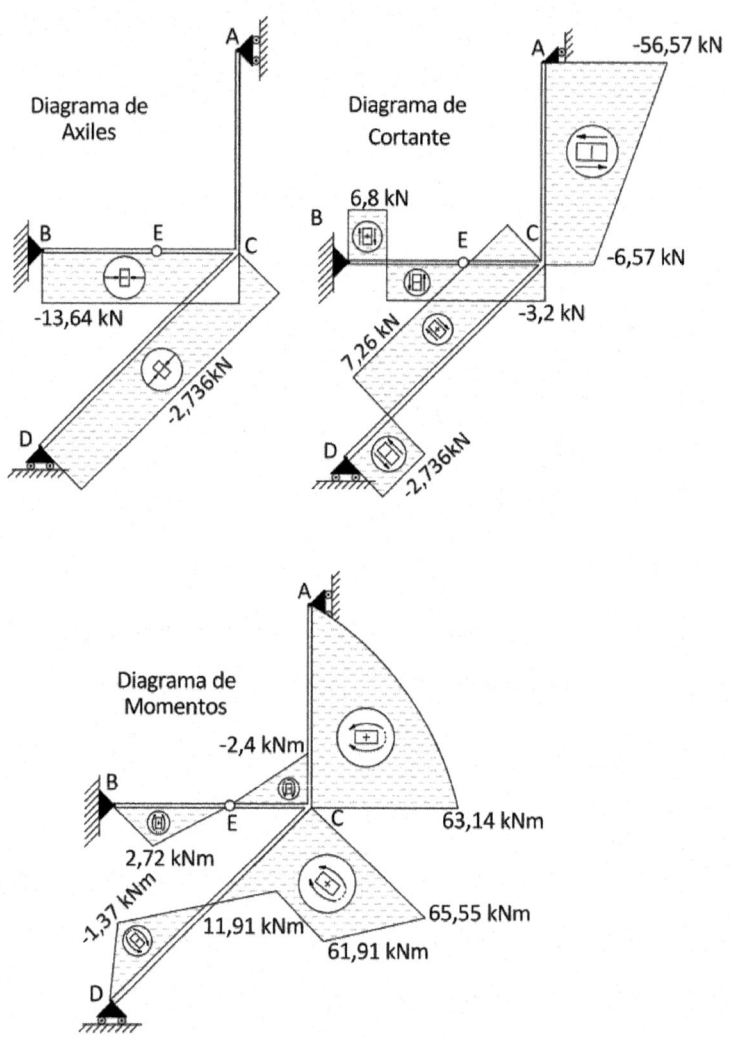

5. DISEÑO DE LAS BARRAS A RESISTENCIA

A la vista del diagrama se localiza la sección o secciones más solicitadas, es decir los puntos donde el Momento Flector, Cortante y Axil sean máximos. En este caso, la solución de diseño no es tan obvia por que se tienen en un Nudo C, donde para la barra (3) y barra (1) los esfuerzos son muy similares. Para ello se procede a realizar la comprobación en ambos nudos y ver cuál es el más restrictivo.

Para el Nudo C, por parte de la barra (3) tenemos que: $|M_{max}|$ = 63,14 kNm y donde hay un esfuerzo cortante $|V|$ =6,57 kN.

Y en el Nudo C, pero para la barra (1) se tienen los siguientes esfuerzos: $|M_{max}|$ = 65,55 kNm y donde hay un esfuerzo cortante $|V|$ =7,26 kN, y un esfuerzo axil $|N|$ = 2,736 kN.

Diseño a Resistencia:

El valor de la tensión admisible será:

$$\sigma_{adm} = \frac{\sigma_{elástico}}{Y} = \frac{355 \text{ MPa}}{1,25} = 284 \text{ MPa}$$

Sección C Barra (3)

Según la Ley de Navier y con el valor del momento flector máximo M_{max}, podemos calcular el módulo resistente de la sección:

$$W_z \geq \frac{M_{max}}{\sigma_{max}} = \frac{63,14 \text{ kNm} \cdot \frac{1000mm}{1m} \cdot \frac{1000 \text{ N}}{1 \text{ kN}}}{284 \frac{\text{N}}{\text{mm}^2}} = 222.323,94 \text{ mm}^3 = 222,32 \text{ cm}^3$$

Con este valor calculado, vamos al prontuario de los perfiles y podemos seleccionar el perfil que tenga un valor mayor o igual al calculado. El primer perfil que cumple en este caso es un perfil **IPN 220**, cuyo módulo resistente tiene un valor de **W_z = 278 cm³**.

Con el valor del módulo resistente real del perfil, calcularemos la tensión normal generada por el Momento Flector, que es de:

$$\sigma_x = \frac{M_z}{W_z} = \frac{63{,}14 \cdot 10^6 \text{ Nmm}}{278 \cdot 10^3 \text{ mm}^3} = 227{,}12 \text{ MPa} < \sigma_{adm} = 284 \text{ MPa}$$

Esta tensión normal será de tracción en la zona inferior y de compresión en la zona superior. Partiendo de este perfil ya podremos comprobar cada uno de los puntos de interés para lo que utilizaremos el Criterio de Fallo de **Von Mises**.

Según el criterio de **Von Mises**, la tensión equivalente tiene que ser siempre menor que la $\sigma_{admisible}$ del material y se calculará con la siguiente expresión:

$$\sigma_{equivalente} = \sqrt{\sigma_x^2 + 3\tau_{xy}^2}$$

En la Sección C la tensión normal será la debida al momento flector, previamente calculada ya que no existe esfuerzo axial:

$$\sigma_x = 227{,}12 \text{ MPa}$$

En la Sección C también tenemos esfuerzo cortante de valor V=6,57 kN y las tensiones cortantes producidas por ese esfuerzo se calcularán mediante la **Ley de Colignon**:

$$\tau_{xy} = \frac{V \cdot m_z}{e \cdot I_z}$$

El momento estático, el espesor y el momento de inercia del perfil los obtendremos del prontuario:

$$\tau_{xy} = \frac{V \cdot m_z}{e \cdot I_z} = \frac{6{,}57 \cdot 10^3 \text{N} \cdot 162 \text{ cm}^3 \cdot \frac{1000 \text{ mm}^3}{\text{cm}^3}}{8{,}1 \text{ mm} \cdot 3.060 \cdot 10^4 \text{ mm}^4} = \mathbf{4,29 \ MPa}$$

Por lo tanto, la tensión equivalente según Von Mises es:

$$\sigma_{eq} = \sqrt{\sigma_x^2 + 3\tau_{xy}^2} = \sqrt{227{,}12^2 + 3 \cdot 4{,}29^2} =$$

$$\mathbf{227,24 \ MPa} \leq \sigma_{adm} = \mathbf{284 \ MPa}$$

Como $\sigma_{eq} \leq \sigma_{adm}$ lo que indica que el perfil (**IPN 220**) escogido cumple sin problemas.

Sección C Barra (1)

A partir del perfil **IPN 220**, seleccionado de forma preliminar se procede a determinar si es válido para la barra (1) en el Nudo C.

Según el criterio de **Von Mises**, la tensión equivalente tiene que ser siempre menor que la $\sigma_{admisible}$ del material y se calculará con la siguiente expresión:

$$\sigma_{equivalente} = \sqrt{\sigma_x^2 + 3\tau_{xy}^2}$$

En la Sección C la tensión normal será la debida al esfuerzo normal y al momento flector por lo que será:

$$\sigma_x = \frac{N}{A} + \frac{M_z}{W_z} = \frac{-2{,}736 \cdot 10^3 N}{39{,}6 \cdot 10^2 mm^2} + \frac{65{,}55 \cdot 10^6 \, Nmm}{278 \cdot 10^3 \, mm^3} = \mathbf{235,1 \, MPa}$$

En la Sección C también tenemos esfuerzo cortante de valor V=7,26 kN y las tensiones cortantes producidas por ese esfuerzo se calcularán mediante la **Ley de Colignon**:

$$\tau_{xy} = \frac{V \cdot m_z}{e \cdot I_z}$$

El momento estático, el espesor y el momento de inercia del perfil los obtendremos del prontuario:

$$\tau_{xy} = \frac{V \cdot m_z}{e \cdot I_z} = \frac{7{,}26 \cdot 10^3 N \cdot 162 \, cm^3 \cdot \frac{1000 \, mm^3}{cm^3}}{8{,}1 \, mm \cdot 3.060 \cdot 10^4 \, mm^4} = \mathbf{4,75 \, MPa}$$

Por lo tanto, la tensión equivalente según Von Mises es:

$$\sigma_{eq} = \sqrt{\sigma_x^2 + 3\tau_{xy}^2} = \sqrt{235{,}1^2 + 3 \cdot 4{,}75^2} =$$

$$\mathbf{235,24 \, MPa \geq \sigma_{adm} = 284 \, MPa}$$

Como $\sigma_{eq} \geq \sigma_{adm}$ lo que indica que el perfil (**IPN 220**) escogido cumple para las solicitaciones de la barra (1). El resto de las barras se configuran con el mismo perfil, ya que al estar sometidas a unas solicitaciones de menor valor su resistencia queda comprobada.

6. CÁLCULO DEL DESPLAZAMIENTO VERTICAL EN EL NUDO C

El primer paso que se debe abordar es sobre la estructura sin cargas externas, la aplicación de una carga puntual ficticia en el punto donde se quiere calcular el desplazamiento. En el caso del ejercicio, es la deformación vertical en el Nudo C. Por lo que la configuración que adquiere la estructura será la siguiente:

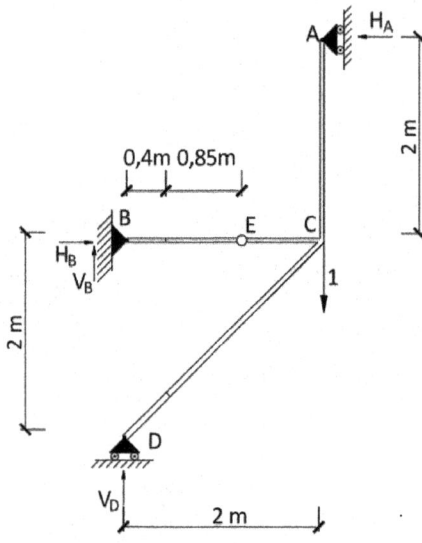

1. Cálculo de las reacciones y leyes de momentos

Para esta nueva configuración estructural y sin tener en cuenta las cargas externas, se deberá proceder a calcular las reacciones ficticias con el objetivo de definir nuevamente las leyes de momentos de la nueva configuración estructural. Por lo que el cálculo de las reacciones quedará de la forma:

Sumatorio de fuerzas horizontales igual a 0.

$$\Sigma F_H = 0$$

$$H_B = H_A$$

Sumatorio de fuerzas verticales igual a 0.

$$\Sigma F_V = 0$$

$$V_D + V_B - 1 = 0$$

$$V_D + V_B = 1 \; (\text{Ec. 1})$$

Sumatorio de momentos flectores respecto al punto B igual a 0.

$$\Sigma M_B = 0$$

$$H_A \cdot 2m - 1 \cdot 2m = 0$$

$$\mathbf{H_A = 1}$$

$$\mathbf{H_B = 1}$$

Sumatorio de momentos flectores respecto al punto E igual a 0.

$$\Sigma M_E = 0$$

$$V_B \cdot 1{,}25m = 0$$

$$\mathbf{V_B = 0}$$

Si sustituimos V_B en la Ec.1 tenemos:

$$V_D + V_B = 1 \; (\text{Ec. 1})$$

$$\mathbf{V_D = 1}$$

Calculadas las reacciones de la nueva configuración, se procede a realizar los cortes teniendo en cuenta la misma distribución previamente planteada. El objetivo se trata de mantener constante la distribución de la variable "x". En este caso y como se observa en la siguiente figura, el número de cortes necesarios se reduce únicamente a tres.

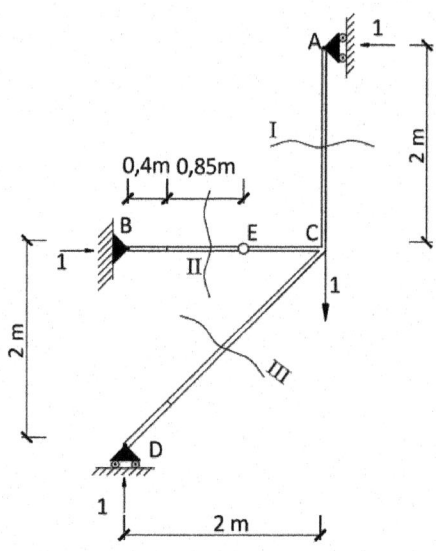

CORTE I	$0m \leq x \leq 2m$

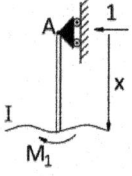

$$\Sigma M_S = 0; \ M_1 = 1x$$

CORTE II	$0 \leq x \leq 2m$

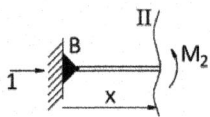

$$\Sigma M_S = 0; \ M_2 = 0 \ m$$

$CORTE\ III$	$0m \leq x \leq 2m$

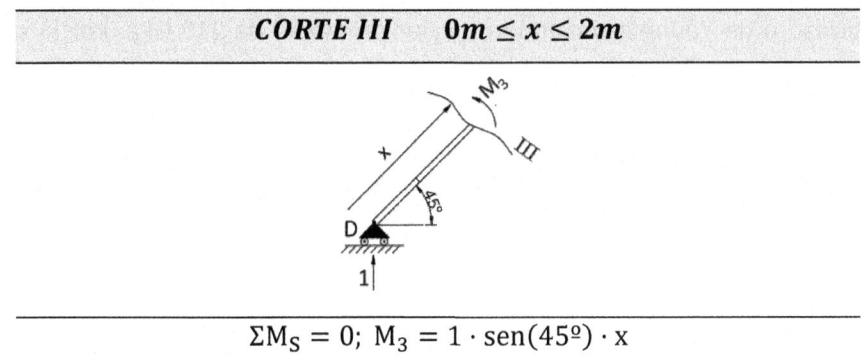

$$\Sigma M_S = 0; \quad M_3 = 1 \cdot sen(45^\circ) \cdot x$$

2. Aplicación del Teorema de la Carga Unitaria

Una vez que se conocen las leyes de momentos para el estado de cargas externas (estado original de cargas), y las respectivas leyes de momentos que son originadas a consecuencia de la carga puntual ficticia, se deberá aplicar la formulación que corresponde con el teorema de la carga unitaria, cuya expresión es la siguiente:

$$\delta = \sum_{i=1}^{n} \int_{0}^{L} \frac{M_0(x) \cdot M_1(x)}{EI_z} dx$$

Donde:

M_0: Se corresponden con las leyes de momentos de la estructura bajo el estado original de cargas externas.

M_1: Se corresponden con las leyes de momentos de la estructura bajo el estado de carga unitaria o ficticia.

EI_z: Rigidez relativa de la barra. Esta rigidez puede ir variando a lo largo de la estructura si la barra se encuentra formada por diferentes perfiles metálicos, por lo tanto, se corresponderán diferentes valores de inercias. Para el caso de esta estructura y como se ha planteado en la sección de diseño a deformación, esta estructura se configura con todas las barras a través de un IPN 220. Y el Módulo de

Elasticidad o de Young asumiendo un valor promedio de 210 GPa. Por lo que la rigidez relativa será constante para todos los tramos.

- **Desplazamiento vertical Nudo C**

La deformación vertical en el Nudo C quedará de la forma:

$$\delta = \sum_{i=1}^{n} \int_{0}^{L} \frac{M_0(x) \cdot M_1(x)}{EI_z} dx$$

$$(\delta_V)_C = \int_{0m}^{2m} \frac{\left(56{,}57x - 25\frac{x^2}{2}\right) \cdot (x)}{EI_z} dx +$$

$$+ \int_{0m}^{0,4m} \frac{(6{,}8x) \cdot (0)}{EI_z} dx + \int_{0,4m}^{1,25m} \frac{(-3{,}2x + 4) \cdot (0)}{EI_z} dx +$$

$$+ \int_{1,25m}^{2m} \frac{(-3{,}2x + 4) \cdot (0)}{EI_z} dx +$$

$$+ \int_{0m}^{0,5m} \frac{(-3{,}87 \cdot sen(45º)x) \cdot (1 \cdot sen(45º) \cdot x)}{EI_z} dx +$$

$$+ \int_{0,5m}^{2,33m} \frac{(7{,}263x - 5) \cdot (1 \cdot sen(45º) \cdot x)}{EI_z} dx +$$

$$+ \int_{2,33m}^{2,83m} \frac{(7{,}263x + 45) \cdot (1 \cdot sen(45º) \cdot x)}{EI_z} dx$$

$$(\delta_V)_C = \frac{171{,}2518392}{EI_z}$$

$$(\delta_V)_C = \frac{171{,}2518392 \cdot 10^3 Nm^3}{210 \cdot 10^9 \frac{N}{m^2} \cdot 3.060 \cdot 10^{-8} m^4}$$

$$(\delta_V)_C = \mathbf{26{,}65 \ mm}$$

Hay que destacar que el resultado es positivo, lo que demuestra que la dirección planteada inicialmente para la carga unitaria es correcta.

7. CÁLCULO DEL GIRO EN EL NUDO C

Para el cálculo del giro, se sigue el mismo procedimiento que el aplicado para el cálculo del desplazamiento horizontal en C, con la diferencia que ahora se coloca un momento puntual ficticio en C, por lo que la nueva configuración sobre la que trabajar será la siguiente:

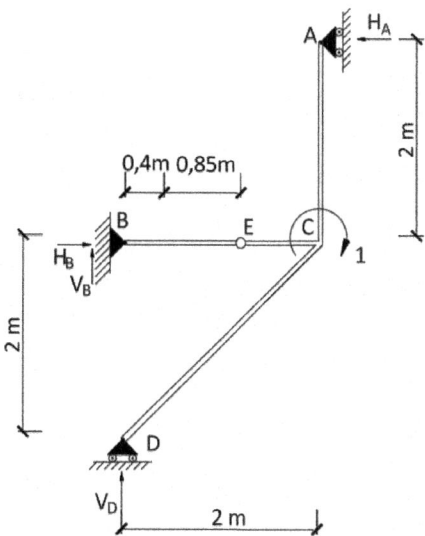

1. Cálculo de las reacciones y leyes de momentos

Para esta nueva configuración estructural y sin tener en cuenta las cargas externas, se deberá proceder a calcular las reacciones ficticias con el objetivo de definir nuevamente las leyes de momentos de la nueva configuración estructural. Por lo que el cálculo de las reacciones quedará de la forma:

Sumatorio de fuerzas horizontales igual a 0.

$$\Sigma F_H = 0$$

$$H_B = H_A$$

Sumatorio de fuerzas verticales igual a 0.

$$\Sigma F_V = 0$$

$$V_D + V_B = 0$$

$$V_D + V_B = 0 \text{ (Ec. 1)}$$

Sumatorio de momentos flectores respecto al punto B igual a 0.

$$\Sigma M_B = 0$$

$$H_A \cdot 2m - 1 = 0$$

$$\mathbf{H_A = \frac{1}{2}}$$

$$\mathbf{H_B = \frac{1}{2}}$$

Sumatorio de momentos flectores respecto al punto E igual a 0.

$$\Sigma M_E = 0$$

$$V_B \cdot 1{,}25m = 0$$

$$\mathbf{V_B = 0}$$

Si sustituimos V_B en la Ec.1 tenemos:

$$V_D + V_B = 0 \text{ (Ec. 1)}$$

$$\mathbf{V_D = 0}$$

Calculadas las reacciones de la nueva configuración, se procede a realizar los cortes teniendo en cuenta la misma distribución previamente planteada. El objetivo se trata de mantener constante la distribución de la variable "x". En este caso y como se observa en la siguiente figura, el número de cortes necesarios se reduce únicamente a tres.

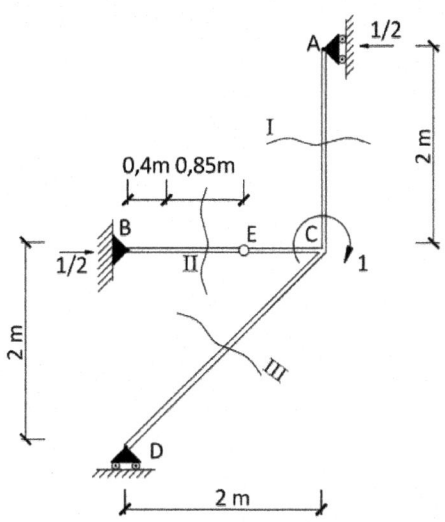

CORTE I $0m \leq x \leq 2m$

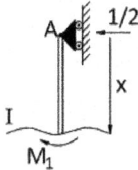

$$\Sigma M_S = 0; \ M_1 = \frac{1}{2}x$$

CORTE II $0 \leq x \leq 2m$

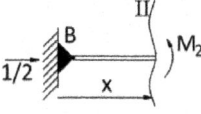

$$\Sigma M_S = 0; \ M_2 = 0$$

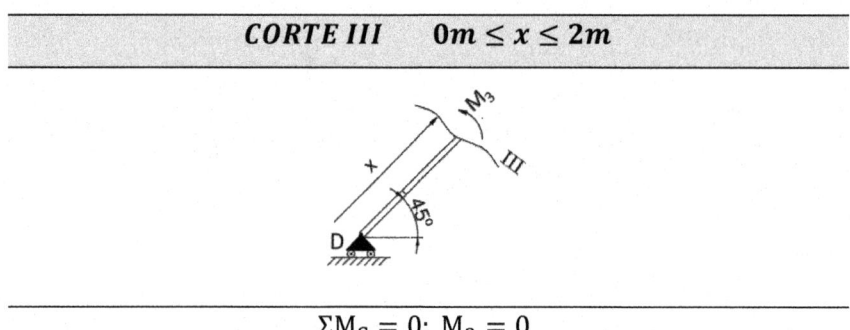

CORTE III	$0m \leq x \leq 2m$

$$\Sigma M_S = 0; \ M_3 = 0$$

2. Aplicación del Teorema de la Carga Unitaria

Una vez que se conocen las leyes de momentos para el estado de cargas externas (estado original de cargas), y las respectivas leyes de momentos que son originadas a consecuencia de la carga puntual ficticia, se deberá aplicar la formulación que corresponde con el teorema de la carga unitaria, cuya expresión es la siguiente:

$$\theta = \sum_{i=1}^{n} \int_{0}^{L} \frac{M_0(x) \cdot M_1(x)}{EI_z} dx$$

Donde:

M$_0$: Se corresponden con las leyes de momentos de la estructura bajo el estado original de cargas externas.

M$_1$: Se corresponden con las leyes de momentos de la estructura bajo el estado de carga unitaria o ficticia.

EI: Rigidez relativa de la barra. Esta rigidez puede ir variando a lo largo de la estructura si la barra se encuentra formada por diferentes perfiles metálicos, por lo tanto, se corresponderán diferentes valores de inercias. Para el caso de esta estructura y como se ha planteado en la sección de diseño a deformación, esta estructura se configura con todas las barras a través de un IPN 220. Y el Módulo de

Elasticidad o de Young asumiendo un valor promedio de 210 GPa. Por lo que la rigidez relativa será constante para todos los tramos.

Giro en el Nudo C

El giro en el Nudo C quedará de la forma:

$$\theta = \sum_{i=1}^{n} \int_0^L \frac{M_0(x)M_1(x)}{EI_z} dx$$

$$(\theta)_C = \int_{0m}^{2m} \frac{\left(56{,}57x - 25\frac{x^2}{2}\right) \cdot \left(\frac{1}{2}x\right)}{EI_z} dx$$

$$+ \int_{0m}^{0,4m} \frac{(6{,}8x) \cdot (0)}{EI_z} dx + \int_{0,4m}^{1,25m} \frac{(-3{,}2x + 4) \cdot (0)}{EI_z} dx +$$

$$+ \int_{1,25m}^{2m} \frac{(-3{,}2x + 4) \cdot (0)}{EI_z} dx + \int_{0m}^{0,5m} \frac{(-3{,}87 \cdot \text{sen}(45º)x) \cdot (0)}{EI_z} dx +$$

$$+ \int_{0,5m}^{2,33m} \frac{(7{,}263x - 5) \cdot (0)}{EI_z} dx + \int_{2,33m}^{2,83m} \frac{(7{,}263x + 45) \cdot (0)}{EI_z} dx$$

$$(\theta)_C = \frac{50{,}4266}{EI_z}$$

$$(\theta)_C = \frac{50{,}4266 \cdot 10^3 \, \text{Nm}^3}{210 \cdot 10^9 \, \frac{\text{N}}{\text{m}^2} \cdot 3.060 \cdot 10^{-8} \text{m}^4}$$

$$(\theta)_C = \mathbf{7,847 \ mrad}$$

Hay que destacar que el resultado es positivo, lo que demuestra que la dirección planteada inicialmente para el momento unitario es correcta.

8. DEFORMADA ESTIMA

Finalmente, en esta sección se representa de forma gráfica la deformada estima que adquiere la estructura analizada en función del sistema de cargas externo evaluado es la siguiente.

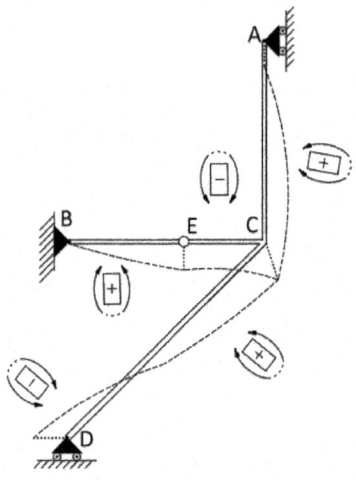

COLECCIÓN BIBLIOTECA TÉCNICA UNIVERSITARIA

Títulos Publicados

BIBLIOTECA TECNICA UNIVERSITARIA
Títulos por Secciones

Sección Arquitectura

1. **Método y Aplicación de Representación Acotada y del Terreno** - *por José M Gentil Baldrich.*

2. **La Arquitectura y… Introducción al Acondicionamiento y las Instalaciones** - *Por Jaime Navarro Casas.*

3. **La Arquitectura y … Introducción a los materiales de Construcción- por** *Milagros Borrallo Jiménez ; Pedro Gómez de Terreros Guardiola, Jaime Navarro Casas y Ana Prieto Thomas.*

4. **Ejercicios de Geometría Descriptiva** – *Por Juan Jsé Escudero Alameda; Amparo Bernal López-Sanvicente; José Antonio Berganza de Diego y José Mariano Ruiz Izquierdo*

Sección Construcción

1. **Cerramientos Ligeros y pesados en los edificios** – *Por Antonio Rolando Ayuso*

2. **Economía Aplicada a la Construcción** – *Por Sebastián Truyols Sebas y José Manuel Saiz Álvarez*

Sección Dibujo Técnico

1. **Autocad 14 Aplicado a la Arquitectura** - *Por Eduardo Martínez Borrell (AGOTADO)*

2. **50 Ejercicios de Expresión Gráfica** – *Por José Luís Pérez Díaz y Sebastián Palacios Cuenca*

Sección Economía

1. **Definiciones y Cuestiones Básicas de Economía Actual** – *Por Nuria Querol Aragón*

2. **Economía Aplicada a la Construcción** – *por Sebastián Truyols Mateu: José Manuel Saiz Álvarez*

Sección Electrónica

1. **Ingeniería Electrónica. 7ª Edición** – *Por J. González Bernardo de Quirós*

2. **Problemas Resueltos de Ingeniería Electrónica** – *por J. González Bernardo de Quirós; José María Marcos Elgoibar y Vicente Aguilera Ribota*

3. **Radar y Ayudas para la Navegación Aérea** – *Por J. González Bernardo de Quirós*

4. **Sistemas de Control Lineal y no Lineal** – *Por José María Marcos Elgoibar*

5. **Ejercicios de Componentes y Circuitos Electrónicos** – *Por Francisco Javier Gabiola Ondarra*

6. **Problemas Resueltos de Electrotecnia** – *Por Rosa Mª de Castro Fernández; Carlos César Sanz; Mª Lourdes Peña Llana*

7. **Introducción a los sistemas de control automático** – *por José María Marcos Elgoibar*

8. **Localización Aeronáutica** – *Por Julio González Bernaldo de Quirós*

Sección Energética

1. **Minicentrales Hidroeléctricas. Mercado Eléctrico, aspectos técnicos y viabilidad económica de las inversiones** – *Por Germán Martínez Montes y Mª del Mar Serrano López*

2. **Energía Solar en Edificación** - *por Eusebio J.Martínez Conesa y Arturo García Agüera*

Sección Estructuras

1. **Problemas Resueltos de Estructuras Metálicas adaptados a la NBE-EA 95. Cálculo de Estructuras de Acero** - *Por Miguel A. Serrano y Miguel A. Castrillo* – *2ª Edición revisada y ampliada*

2. **Curso de Cálculo de Estructuras** – *Por Ignacio García-Badell*

3. **Vigas Alveoladas** – *Por Javier Estévez Cimadevilla; Emilio Martín Gutiérrez y José Antonio Vázquez Rodríguez*

4. **Diseño de Elementos de Hormigón Armado (Problemas resueltos según la EHE)** – *Por Miguel Ángel Serrano López*

5. **Principios de Construcción de Estructuras Metálicas – 2ª Edición ampliada y adaptada al CTE y a la EAE** - *Por Domingo Pellicer Daviña; Germán Ramos Ruiz Cristina Sanz Larrea.*

6. **Tipología Estructural en Arquitectura Industrial** – *Por Ángel Martín Rodríguez – Francisco Suárez Domínguez – Juan José del Coz Díaz*

7. **Hormigón Armado – Adaptado a la EHE y al CTE** – *por Ariel Catalán Goñi*

8. **Construcción de Estructuras de Hormigón Armado en Edificación (3ª Edición 2014)** – *por Eduardo Medina Sánchez.*

9. **Diseño y Cálculo de los Sistemas Estructurales (Teoría, Problemas y Programas). Tomo 1: Estructuras de Barras y Vigas** – *Por Dr. José Miguel Martínez Jiménez – Coautores: José Miguel Martínez Valle y Álvaro Martínez Valle*

10. **Diseño y Cálculo de los Sistemas Estructurales (Teoría, Problemas y Programas). Tomo 2: Inestabilidad y Pandeo de Estructuras, Líneas de Influencia y Cálculo Dinámico** – *Por Dr. José Miguel Martínez Jiménez – Coautores: José Miguel Martínez Valle y Álvaro Martínez Valle*

11. **Formulario y Tablas de Resistencia de Materiales** – *Por Ignacio Herrera Navarro*

12. **Resistencia de Materiales II** – *Por Ignacio Herrera*

13. **Diseño y Cálculo de los Sistemas Estructurales (Teoría, Problemas y Programas). Tomo 3- 2ª Edición 2023: Placas; Cables; Arcos y Láminas (Incluye CD con Programas Informáticos + Demo Programa CAESBA** – *Por Dr. José Miguel Martínez Jiménez – Coautores: José Miguel Martínez Valle y Álvaro Martínez Valle*

14. **Hormigón Armado – Adaptado a la EHE 08** – *por Ariel Catalán Goñi*

15. **Resistencia de Materiales 1 – 2ª Edición** – *Por Ignacio Herrera Navarro – Catedrático del área Mecánica de Medios Continuos y Teoría de Estructuras Departamento de Ingeniería Mecánica, Energética y de los Materiales. Universidad de Extremadura*

16. **Construcción de Estructuras de Madera** – *Por Eduardo Medina Sánchez. Arquitecto Técnico. Profesor de la UPM – Escuela Universitaria de Arquitectura Técnica*

17. *Apuntes de Teoría de Estructuras* – *Por Manuel López Aenlle; Marían García Prieto*

18. **Ejercicios Resueltos de Construcción de Estructuras de Edificación** – *Por Eduardo Medina Sánchez*

19. **Análisis Dinámico en Estructuras** – *Por Félix L. Suárez Riestra*

20. **La Estructura Metálica. Problemas resueltos según el CTEy EC3 – Por Tomás A. Cremades Moreno**

21. **Formulario y Tablas de Cálculo de Estructuras** – *por Ignacio Herrera y Daniel Rodríguez*

22. **Cálculo Dinámico/Sísmico de Estructuras por Métodos Matriciales** – *Por José Miguel Martínez Jiménez, José Miguel Martínez Valle y Álvaro Martínez Valle*

23. **Código Estructural. Ejercicios de Hormigón Armado y Pretensado** – *Por Antoni Cladera Bohigas; Carlos R. Ribas González; Joaquín G. Ruiz Pinilla; David Boixader Cambronero*

Sección Física

1. **Problemas Resueltos de Física General – 2ª edición 2006** - *Por Laura Abad Toribio y Laura Mª Iglesias Gómez*

2. **Problemas Resueltos de Electromagnetismo** - *Por Laura Abad Toribio; Ana Isabel Velasco Fernández y Alicia Chocarro Marcesse´*

3. **Problemas de Física. MECÁNICA** – *Por Carlos F. González Fernández. Catedrático de Física Aplicada – Universidad Politécnica de Cartagena*

4. **Dinámica Vectorial de Cuerpos Rígidos** – *por Carlos F. González Fernández. Catedrática de Física Aplicada – Universidad Politécnica de Cartagena*

5. **Datos Experimentales. Medida y Error- Guía Práctica** - *por Carlos F. González Fernández. Catedrática de Física Aplicada – Universidad Politécnica de Cartagena*

Sección Ganadería

1. **La Ganadería Extensiva en España** – *Por Sigfredo Francisco Ortuño Pérez y Susana González Herraiz*

Sección Geodesia y Topografía

1. **Introducción a las Ciencias que Estudian la Geometría de la superficie Terrestre: Geodesia, Fotogrametría, Cartografía y Topografía** – *Por José Juan de San José, Josefina García y Mariló López (AGOTADO)*

2. **Fundamentos Teóricos de los Métodos Topográficos** – *Por Alonso Sánchez Ríos*

3. **Problemas de Métodos Topográficos** – *Por Alonso Sánchez Ríos*

4. **Programas Informáticos de Topografía** – *Por Calos Tomás Romeo*

5. **Topografía y Sistemas de Información** – *Por Rubén Martínez Marín*

6. **Transformaciones de Coordenadas** – *Por Juan Antonio Pérez Álvarez y José Antonio Ballell Caballero*

7. **Redes Topométricas** – *Por Juan P. Carpio Hernández*

8. **Problemas de Topografía y Fotogrametría** – *Por Luís Ortiz Sanz; M! Luz Gil Docampo y Mª Teresa Rego Sanmartín*

9. **Topografía Para Ingenieros** – *Por Silvino Fernández García y Mª Luz Gil Docampo*

10. **Topografía para Estudios de Grado. 3ª Edición Ampliada y Revisada** – *Por José Juan de San José Blasco; Emilio Martínez García; Mariló López González y Alan D. J. Atkinson*

11. **Problemas Básicos de Topografía** – *Por Carlos Muñoz San Emetrio*

12. **Topografía Práctica con Problemas Resueltos** – *por Amparo Verdú Vazquez*

13. **Replanteo de Obras. Prácticas de Topografía** – *Por Mª Ángeles Domínguez Sánchez*

14. **Replanteo de Obras. Curvas de Transición – Clotoides – Acuerdos Verticales** – *Por Mª Ángeles Domínguez Sánchez*

15. **Topografía Aplicada. 2ª Edición 2023** – *Por Rubén Martínez Marín; Miguel Marchamalo Sacristán; Luis Velilla Almaraz*

16. **Topografía y Geomática Básicas en Ingeniería** – *Por Silvino Fernández García; María de la Luz Gil Docampo*

Sección Hidráulica

1. **Hidráulica Fluvial** – *Por Eduardo Martínez Marín*

Sección Informática

1. **HTML4.0 y Dinámico. Construcción de Documentos para el Servicios World Wide Web** – *Por Ángel García Beltrán*

2. **Métodos Informáticos en TurboPascal -** *por Ángel García Beltrán; Raquel Martínez Fernández y Alberto Jaén Gallego* – **3ª Edición ampliada y revisada**

3. **Iniciación a la Programación Usando Lenguajes Visuales Orientados a Eventos-** *Por Adolfo Lozano Tello*

4. **Introducción a la Informática: Programación práctica en C y Matlab®** *- Por Sagrario Lantarón Sánchez y Bernardo Llanas Juárez –* **AGOTADO**

5. **Matlab® y Matemática Computacional** – *Por Sagrario Lantarón y Bernado Llanas Juárez*

6. **Programación para Ingeniería y Ciencias con Matlab® y Octave** – *Por Sagrario Lantarón Sánchez*

Sección Ingeniería Mecánica

1. **Mecánica de Fluidos. Adaptada al Espacio Europeo de Educación Superior. Libro de Teoría y Problemas** – *Por José Pérez García y Ruth Herrero Martín*

2. **Mecánica de Fluidos. Adaptada al Espacio Europeo de Educación Superior. Cuaderno del Estudiante** – *Por José Pérez García y Ruth Herrero Martín*

Sección Ingeniería del Terreno y Geología

1. **Ejercicios Resueltos de Geotecnia. Tomo I** – *por A. Matías Sánchez*

Sección Instalaciones Eléctricas

1. **Luminotecnia** – *Por Lorenzo Salas Morera; Rafael Ayuso Muñoz y Antonio J. Cubero Atienza*

Sección Máquinas y Mecanismos

1. **Fundamentos de Teoría de Máquinas – 4ª Edición** – *Por Antonio Simón Mata; Álex Bataller Torras; Juan A. Cabrera Carrillo; Antonio Ortiz Fernández.*

Sección Matemáticas

1. **Análisis Vectorial para la Ingeniería. Teoría y Problemas** – *Por José Luís Galán García*

2. **Problemas de Álgebra Lineal** – *Por Elena Domínguez; Mario López ; Luís Sanz y Pablo Solana*

3. **Modelos Diferenciales y Numéricos en la Ingeniería- Por** *Emilio de la Rosa Oliver*

4. **Cálculo Integral y Diferencial** – *Por Francisco Bordes Caballero*

5. **Variable Compleja y Ecuaciones en Derivadas Parciales para la Ingeniería** – *Por José Luís Galán García y Pedro Rodríguez Cielos.*

6. **Fundamentos de Matemáticas (Problemas Resueltos) 2ª Edición** - *Por Esther Guervós García y Ana Pastor Regidor*

7. **Ampliación de Matemáticas para la Ingeniería** – *José Luis Galán García; Pedro Rodríguez Cielos; Yolanda Padilla Domínguez; Mª Ángeles Galán García*

Sección Mecánica

1. **Geometría de masas-** *Por Luís Delgado Lallemand y José Quintana Santana*

2. **Problemas resueltos de Tecnología mecánica** *– Por Jesús Peláez Vara; Esteban García Maté; Francisco Javier Gómez Gil*

Sección Mecánica del Suelo y Cimentaciones

1. **Cimentaciones y Estructuras de Contención de Tierras** *– Por Jesús Ayuso Muñoz; Alfonso Caballero Repullo; Martín López Aguilar; José Ramón Jiménez Romero y Francisco Agrela Sainz*

Sección Medio Ambiente

1. **Técnicas de Muestreo en Ciencias Forestales y Ambientales** *– Por Esperanza Ayuga Téllez; Concepción González García; Susana Martín Fernández, J. Eugenio Martínez Falero y Manuel Pedro Méndez*

Sección Metalurgia-Soldadura

1. **Soldadura: Tecnología y Técnica de los Procesos de Soldadura. 2ª Edición** *– Por David Rodríguez Salgado*

2. **Apuntes de Soldadura. Conceptos Básicos** *– Por Marian García Prieto*

Sección Química

1. **Problemas y Cuestiones en Ingeniería de las Reacciones Químicas** *– Por Sebastián O. Pérez Báez y Antonio Gómez Gótor*

Sección Resistencia de Materiales

1. **Problemas Resueltos de Elasticidad y Resistencia de Materiales- 2ª Edición** *– Por Antonio Argüelles Amado e Isabel Viña Olay*

2. **Problemas Resueltos de Resistencia de Materiales** *– Por Fernando Rodríguez-Avial Azcúnaga*

3. **Ejercicios Básicos de Elasticidad-** *Por Javier Ferreiro Cabello; Esteban Fraile García*

4. **Ejercicios Básicos de Resistencia de Materiales, aplicando el CTE -** *Por Javier Ferreiro Cabello; Esteban Fraile García; Eduardo Martínez de Pisón Ascacibar*

5. **Problemas Resueltos de Pandeo y Torsión Uniforme** – *por Esteban Fraile García y Javier Ferreiro Cabello*

6. **Resistencia de Materiales. Ejercicios** – *Por José Luis Zapico Valle y Marat García Diéguez*

7. **Resistencia de Materiales. Teoría** – *Por José Luis Zapico Valle y Marat García Diéguez*

8. **Ejercicios Tracción y Compresión** – *Por Javier Ferreriro Cabello; Esteban Fraile García; Fátima Somovilla Gómez; Jorge Los Santos Ortega*

9. **Resistencia de Materiales** – *Por José Matías Antuña García*

10. **Problemas Resueltos de Estructuras Isostáticas** – *por Jorge Los Santos Ortega; Fátima Somovilla Gómez; Javier Ferreiro Cabello; Esteban Fraile García*

Sección Telecomunicaciones

1. **Comunicaciones Ópticas** – *Por Antonio Rodríguez Suárez*

Sección Termodinámica

1. **Simulación y Cálculo de Ciclos Termodinámicos** – *Por José Mª Alarcón Aguín; Enrique Granada Álvarez y Manuel E. Vázquez*

2. **100 Problemas Resueltos de Termodinámica Aplicada** – *Por Joaquín Zueco Jordán*

Sección Termotecnia

1. **Fundamentos de Aire Acondicionado** – *Por Antonio Mardomingo Jimeno*